分子尺度器件输运性质与调控的理论研究

Theoretical Research on Spin Modulation and Transport Properties in Molecular-scale Electronics

严深浪　岑康微　陈　铜　著

U0342751

北　京

冶 金 工 业 出 版 社

2022

内 容 提 要

本书利用密度泛函理论和非平衡格林函数方法，紧紧围绕分子尺度器件输运性质与调控等问题进行阐述和诠释，深入研究了若干分子器件的自旋极化输运性质，探索了锚定基团、边缘修饰、电极与分子的接触方式、电极材料以及分子间的相互作用等调控方法对分子尺度器件输运性质的影响，研究结果可以为制备分子尺度自旋电路及其器件提供理论参考。

本书可供从事低维纳米材料输运性质及分子器件输运性质研究的科研人员阅读，也可供大专院校物理、材料专业的高年级本科生和研究生参考。

图书在版编目(CIP)数据

分子尺度器件输运性质与调控的理论研究/严深浪，岑康微，陈铜著. —北京:冶金工业出版社，2022.12
ISBN 978-7-5024-9343-1

Ⅰ.①分… Ⅱ.①严… ②岑… ③陈… Ⅲ.①分子—尺度测量仪表—研究 Ⅳ.①TH821

中国版本图书馆 CIP 数据核字(2022)第 241342 号

分子尺度器件输运性质与调控的理论研究

出版发行	冶金工业出版社	**电　话**	(010)64027926
地　址	北京市东城区嵩祝院北巷 39 号	**邮　编**	100009
网　址	www.mip1953.com	**电子信箱**	service@ mip1953.com

责任编辑　高　娜　美术编辑　吕欣童　版式设计　郑小利
责任校对　梁江凤　责任印制　窦　唯
三河市双峰印刷装订有限公司印刷
2022 年 12 月第 1 版，2022 年 12 月第 1 次印刷
710mm×1000mm　1/16；10.25 印张；199 千字；152 页
定价 69.00 元

投稿电话　(010)64027932　投稿信箱　tougao@cnmip.com.cn
营销中心电话　(010)64044283
冶金工业出版社天猫旗舰店　yjgycbs.tmall.com
(本书如有印装质量问题，本社营销中心负责退换)

前　　言

自 1947 年晶体管发明以来，半导体技术迅猛发展，晶体管尺寸越来越小，集成度不断提高，但是当硅片绝缘层的厚度小于一定厚度时，量子隧穿效应将导致绝缘失效。因此，为寻求替代者，人们提出了利用分子或低维纳米材料来制备电子器件，并且通过科研工作者的不断努力，无论在理论还是实验上都取得了巨大进步。然而，该领域的研究仍处于探索的初级阶段，远未达到成熟应用的程度，还有很多问题亟待解决，还有很多的实验结果与理论相差甚远且重复性差，还有很多有趣现象的产生机理不明确。特别是分子尺度器件，由于电子除了带有电荷的特性，还具有另一个内禀属性，即电子自旋。电子自旋的存在使得对电子的描述又增加了一个自由度，这使得电子输运性质机理更为复杂，影响的因素更为精细。因此，有必要进一步深入研究分子器件中电子输运性质的操纵及利用，使得分子尺度电子器件拥有更多的功能，本书详细介绍了几位作者近年来的研究成果，供读者参考，并期待来自各方面的建议和指正，同时也期待我们共同努力实现电子器件的一场新的信息科学革命。

本书主要内容如下：

第 1 章主要介绍了自旋电子学和有机自旋电子学，以及分子尺度器件研究的现状和存在的困难。

第 2 章主要介绍了本书研究的理论基础和计算方法。

　　第 3 章主要研究了分子器件自旋极化输运的性质与调控，具体探讨了四聚噻分子结自旋输运的性质，研究了磁电极的磁性平行和反平行时自旋注入的效率和磁阻率，并对所得到的结果进行深层次的探讨和理论分析；分析了将 $Ni(dimt)_2$ 分子通过磁性（Ni、Mn）和非磁性锚定基团 S 连到 Au(111) 表面，磁性和非磁性锚定基团对自旋极化输运调控的作用和机理；研究了磁性电极对分子器件自旋极化输运的影响和调制机理。

　　第 4 章主要研究了石墨烯纳米带自旋极化输运与调控，具体分析了锯齿形石墨烯纳米带边缘 Fe 取代方式的不同对自旋输运的影响和调控，以及锯齿石墨烯纳米带与锯齿形石墨烯纳米带片组成的分子结，其交叠面积对自旋极化输运的影响和调制。

　　第 5 章主要研究了类石墨烯二维纳米材料输运性质与调控，具体研究锯齿形边缘 δ/γ 石墨炔纳米带的电子能带结构和输运性质。研究了二维纳米片磷化碳（CP）和准一维磷化碳纳米带的电子结构调制以及不同磷化碳纳米带结的电子输运特性；研究了二维双层氮化镓纳米衍生物的电子结构和输运性质；研究了空位缺陷和应变工程对 $PtSe_2$ 单分子层电子性能的影响。

　　第 6 章主要研究了基于长度无关五-四-五边形碳基分子多功能器件，具体探讨了共面和非共面 PTP 分子器的自旋分离和整流效应，以及 TPO 纳米带电子结构与输运特性。

　　对分子尺度器件输运性质与调控的理论研究可以为工业上自旋纳米器件的设计和研发提供理论上的支持和参考。

　　本书的第 1~4 章由严深浪撰写；第 5 章和第 6 章由严深浪、陈铜、岑康微撰写。

　　本书内容涉及的研究获得国家自然科学基金（11847082）的资助，特此感谢！本书的撰写得到赣南科技学院的大力支持，也参阅了许多类似学术专著，引用了其中部分内容和观点，详细参考文献列于书后，在此一并表示感谢。

　　由于作者水平有限，书中难免有不足和疏漏之处，期待广大读者批评指正。

作　者

2022 年 6 月

目　　录

1 绪 论

1.1 自旋电子学

1.1.1 自旋电子学简介

在英国科学家汤姆逊于 19 世纪末发现电子之后，人们只认识到电子的其中一个重要属性，就是每个电子均带有一定的电荷，即基本电荷（$e = 1.60219 \times 10^{-19}$ C）。虽然现在我们都了解到每个电子都具有两个重要的特性，即电荷和自旋。但在传统电子学中，在绝大多数的情况下，电子（或空穴）仅作为电荷的载体被考虑和利用去制备出具有不同特性的电子器件。直到 20 世纪 20 年代中期量子力学的诞生，让人们开始认识到电子的另一个重要属性——自旋，然而电子的自旋一直被人们忽略，未引起足够的重视。幸运的是，法国科学家 Fert[1] 小组在 1988 年实验上发现了磁阻随外加磁场改变时，磁阻率会发生巨大变化，高达 50%，称为巨磁阻效应（giant magnetoresistance，GMR）。人们运用双电流模型和自旋相关散射对巨磁阻效应进行了解释，之后电子自旋的应用价值才被发现和认知。再后来，大量的研究者开始将磁特性材料与电子自旋相结合应用到电子器件中，并通过利用和操作传导电子的自旋来产生新的物理效应，并逐渐发展成一门全新的学科——自旋电子学（spintronics）[2~4]。自旋电子学的核心为研究、利用和调控自旋极化电子输运过程。

自旋电子学是一门交叉学科，它结合了微电子学和磁学，用电子的自旋替代电荷作为信息传递和保存的载体以及运用创新的方法来操纵和调控电子自旋的自由度，并在介观尺度下，结合自旋极化电子的特有输运特性设计和制备出具有不同物理特性的自旋电子器件。与传统电荷输运的电子器件不同，自旋电子器件运用电子自旋输运，因此它具有诸多的优点，如集成度高、存储快、功耗小和信息不易丢失等，同时因为自旋态具有较长的弛豫时间，不易被来自杂质或缺陷的散射破坏，还可以通过调节外部的磁场来进行调控。因此自旋电子器件顺应了电子工业发展的需求，使得世界各国都十分重视自旋电子器件的发展，例如，美国国防部早在 2000 年就公布了投资一千多万美元专门研究自旋半导体材料及器件。甚至，在过去十几年里，美日两国均先后投入了数以百亿美元的科研资金，组织人数众多的科研专家和技术人员，开展自旋电子学方面（如材料制备、器件研发与制造）的学术研究[5]。

1.1.2 有机自旋电子学简介

经过半个世纪的发展和完善，目前，对无机半导体材料及其器件的研究已经形成了一个完整的成熟的科学体系，并拥有规模宏大的产业结构。它在各个领域都有着巨大的影响，并为人类提供了方方面面的帮助和便利。近几十年来，科学突飞猛进地发展，一种具有与之一拼的并在一定程度上可替代它的新的候选材料——有机半导体，以绚丽多姿的形式展现于世人的面前，近年来，其惊人的发展速度和巨大的应用潜力，使人们不得不对它另眼相看。这种材料大多数是烃类，是具有交替的单键和双键的 π 共轭结构，sp^2 杂化的碳原子的 pz 轨道交叠，并形成退局域的 π 电子云。在这个区域的电子不属于单个的原子或化学键，而是属于整个共轭分子或聚合物链。输运通过相邻之间的跳跃来进行，这也是这种材料表现为半导体特性的原因，并通过掺杂可以提高有机物的电导率。

有机半导体可以分为两大类：长链聚合物和小分子数化合物。这些材料已经在以硅占主导地位的电子市场上找到了生存空间，它们引入的特性为固有的结构柔性、低成本的块体加工技术、与无机材料的集成、光电特性的化学剪裁等。目前，光电器件中已广泛使用此类材料，如有机发光二极管、光伏电池、场效应晶体管和闪存。如今，有机电子学是非常热的研究领域，具有新颖的商业应用前景，如便携式的可卷曲大面积显示器、标签和透明电子电路、有机智能卡和太阳能电池等。

从自旋电子学角度来看，在有机半导体中，体系内元素的原子序数都比较小，因此具有非常弱的自旋-轨道耦合和超精细相互作用。因为此两种相互作用的强弱均与原子序数的大小成正比，而弱的自旋-轨道耦合和超精细相互作用会使系统展现出较长的自旋寿命，较长的自旋寿命正是单自旋逻辑和自旋基量子计算的最关键因素。同时，此类材料还可以作为磁性隧道结的隧穿势垒层，可以做成柔性磁性随机存储器。甚至在有机发光二极管中，可以利用电子或空穴的自旋极化注入来控制电致发光强弱。因此，有机半导体可以作为理想候选材料应用于自旋计算和存储以及光-自旋电子器件。

1.2 自旋电子器件简介

1.2.1 无机自旋电子器件简介

与传统电子器件相比，自旋电子学器件拥有众多不可企及的优势，它可用于研发出更微型化的新型电子学器件。图 1-1 为自旋电子器件的基本构型和原理图。美国加州大学 Awschalom 教授[6,7]将自旋电子学器件划分为三类：一是基于铁磁性金属的器件；二是单电子自旋器件；三是将自旋注入半导体。也可根据其材料以及电子结构分为四类（见表1-1）：第一类是金属自旋晶体管；第二类是磁性隧道结；第三类是复合材料；第四类是有机自旋材料。从表1-1可知，对于第一类和第二类，基本原理是自旋极化电子从铁磁体（源极）中分别通过欧姆接触和隧穿势垒注入输运介质中，从漏极传出的信号分别对应于巨磁阻和隧穿磁电阻效应。对于第三类而言，基本原理是自旋极化电子从输入电极通过铁磁体与半导体形成的肖特基势垒被注入材料中，或者利用自旋极化极光注入材料中，并观察漏极的光发射或电信号来实现自旋检测。美国纽约大学 Hirohata 教授[8]根据电极数将自旋电子器件分为两端自旋电子器件和三端自旋电子器件。

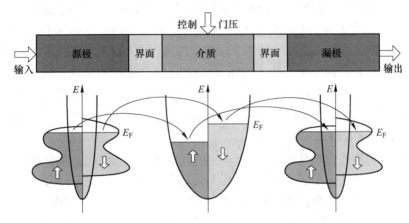

图 1-1　自旋电子器件基本构型和原理

表 1-1　四类基本自旋电子学器件的简介

类型	第一类	第二类	第三类	第四类
自旋效应	巨磁阻	隧穿磁电阻	二极管	隧穿磁电阻/巨磁阻
输运方式	散射	弹道	散射/弹道	散射/弹道
输运介质	非磁性金属	隧道势垒	半导体	有机材料
自旋相干	$30\sim1000\text{nm}$	约几纳米	$\leqslant100\mu\text{m}$	约 $200\mu\text{m}$
主要器件	Johnson/自旋阀晶体管、横向自旋阀	场效应结、磁性随机存储器、自旋共振隧穿器件、磁隧穿晶体管、自旋极化扫描隧道显微镜	Schottky 二极管、自旋场效应三极管、自旋发光二极管、自旋共振隧穿器件	横向自旋阀

1.2.1.1　两端自旋电子器件

自从 Baibich 等人[1]于 1988 年在铁磁（Fe）/非铁磁性金属（Cr）/铁磁（Fe）结构中发现了巨磁阻效应后，随着自旋阀和利用各向异性磁阻制作的室温磁感应器的出现，在极短的时间内，硬盘磁头、磁感应器和大容量磁存储器等器件都实现了产业化。

（1）磁感应器。早在 1991 年，在室温下，Parkin 等人[9]观察到在 Co/Cu/Co 多层结构中巨磁阻效应可以高达 70%。且从 1994 年以来，美国非易失非电子公司（Non-Volatile Electronics Inc.，NVE）基于巨磁阻效应生产了大量磁感应器和磁感应开关[10]，这些磁感应器件可以有效降低磁检测的费用。最近，人们利用铁磁性纳米颗粒作为磁标记来制作生物磁传感器[11]。虽然在实际应用时还需要解决生物相容性，颗粒均匀度和表面稳定性等问题[12~14]。但原则上，这些具有磁性标识的磁性纳米颗粒可应用于药物的携带载体和生物芯片的传感器上。

（2）硬盘驱动器。IBM 公司在 1979 年首先基于各向异性磁电阻（AMR）效应制备出薄膜磁头，磁盘原来的感应式磁头用薄膜磁头替换后，其记录密度提高了数十倍，后来薄膜磁头又被巨磁阻（GMR）效应磁头所取代，使硬盘记录密度提高了上百倍。到 2005 年，Seagate 公司开始用磁隧穿电阻磁读头技术又取代了巨磁阻技术，使磁硬盘记录密度超过 600Gb/in²❶，并且在实验室演示可达 800Gb/in²，甚至有望达到 1Tb/in²。

（3）磁阻随机存取存储器（magnetic random access memory，MRAM）。MRAM 是一种可无限次地重复写入的非挥发性的磁性随机存储器，它拥有静态随机存储器的高速读取写入能力和动态随机存储器的高集成度，其原理如图 1-2 所示[15]。在 1972 年，美国科学家 Schwee[16]首次提出 MRAM，后来在 Fe-Ni-Co 合金中，Granley[17]首次实现了磁阻随机存取功能，并在 1991 年首次利用此功能制造出 MRAM[18,19]。1999 年，IBM 和 Motorola 公司分别开发出 1kbit 和 512kbit 的 MRAM。后来，Motorola 又研发出 1Mbit、2Mbit 和 4Mbit 的 MRAM。2007 年，Freescale 半

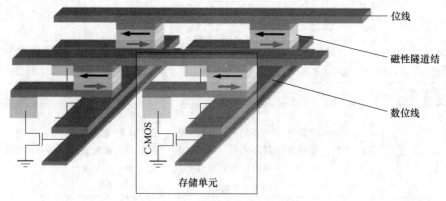

图 1-2 磁阻随机存储器的原理图

❶ 1in=25.4mm，1in²=645.16mm²。

导体公司将 4Mbit 的 MRAM 应用到手机中且能在 -40~105℃ 温度范围内正常工作。近来，一种新型技术——自旋扭矩转换（spin torque transfer，STT）技术被广泛使用，它将磁隧道效应进行放大，使磁致电阻变化翻了一倍左右。利用此技术，AIST（Art In Software Sdn Bhd）在 CoFeB/Ru/CoFeB 组成的铁磁体中，成功制得了 10Gbit 自旋随机存取存储器。

1.2.1.2 三端自旋电子器件

随着传统电子学即将达到其技术瓶颈，同时为应对未来量子计算机的需求，急需研发一种类似传统晶体管的自旋晶体管。目前，通过多年努力研究，多种自旋电子器件已被制备出来，如自旋极化场效应和自旋阀晶体管、自旋极化发光二极管（spin LED）及基于自旋的传感器等。

（1）自旋极化场效应晶体管（spin-FET）。spin-FET 是一种半导体自旋电子器件，也称自旋偏振（极化）半导体场效应晶体管。图 1-3 所示为 Datta 和 Das[20] 于 1990 年首次提出的三端有源器模型图，此器件是由铁磁金属电极/半导体构成的场效应晶体管，参与导电的是 InAlAs/InGaAs 异质结形成的高迁移率二维电子气（2-diethylene glycol，2DEG），通过改变栅极电压来控制自旋极化电子的 Rashba 进动，从而控制电导。后来人们广泛采用异质结形成的 2DEG 作为自旋电子输运的介质，如 Hammar 等人[21] 的研究结果表明，在 75K 时铁磁性金属/InAs 异质结形成的 2DEG 的自旋注入效率可以接近 1%。并且，Monzon 和 Roukes[22] 研究了在 4.2K 温度下，在 NiFe/InAs 体系中可直接实现自旋注入并检测到自旋极化电流。但是，由于电极具有磁性，会形成霍尔电压及局域磁场，这会影响自旋的注入与检测。为了避免这种局域的霍尔效应，人们开始采用多终端构型的晶体管[23]，以降低局域磁场的影响。尽管自旋极化场效应晶体管的应用前景广阔，但是要实际应用还面临许多困难：1）要有足够的自旋注入效率。虽然 Wunnicke 等人[24] 通过第一性原理计算表明，在 Fe/ZnSe（001）和 Fe/GaAs（001）界面处，可以有较高的自旋过滤和高达 99% 的自旋极化，但是实验上报道的自旋极化率均较小。2）自旋相干时间要足够长，这样电子在半导体传输的过程可以保持其自旋极化的状态能。

（2）自旋阀晶体管。在 1995 年，Monsma 等人[25] 成功制备出自旋阀晶体管，其结构及原理如图 1-4 所示。它包含发射区（Si emitter）和集电区（Si colletor），一种厚为 380μm，电阻为 5~10Ω 的 N 型硅（100）晶片，以及由四个 [Co(1.5nm)/Cu(2.0nm)] 周期构成的基底（Base）。其工作原理是[25]：调节多层膜的结构使无外磁场时相邻铁磁层的自旋反平行，这时 Si 基底呈高阻状态，晶体管中的电流以发射极和基极的电流为主，当外加磁场后，可使相邻铁磁层的自旋变为平行，此时基底呈低阻状态，晶体管中的电流以发射极和集电极之间的电流为主。实验表明在 77K 温度下，外加 0.05T 的磁场，集电区接收的电流变化

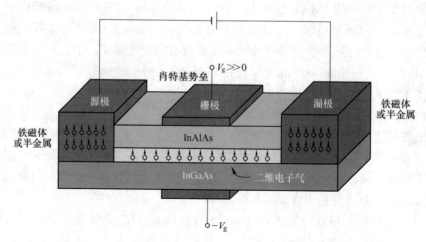

图 1-3 Datta 和 Das 提出的三端有源器模型图

为 215%。最近，Appelbaum 等人[26]将自旋极化的热电子从 $Co_{0.84}Fe_{0.16}$ 注入 10μm 厚的 Si 片上，然后在 $Co_{0.80}Fe_{0.20}$ 上进行检测。这种方法由于不是基于磁阻效应，因此可以避免材料匹配问题所产生的阻抗。

（3）自旋极化发光二极管（spin-LED）。Spin-LED 工作机理是在光发射的过程中对光子的偏振态进行调控，制成自旋光源。一般包括三个物理过程：1）将自旋极化的电子或空穴注入器件有源区中，在那里它们与非极化的空穴或电子复合而发光，所发射的光偏重于左旋或右旋的圆偏振；2）自旋极化电子辐射复合发出圆偏振光；3）探测圆偏振光的自旋状态及其在外界影响和自旋弛豫作用下的变化。

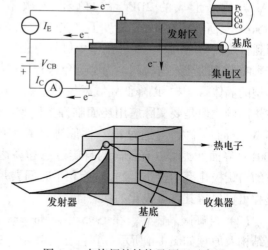

图 1-4 自旋阀的结构及原理示意图

在磁场下，稀磁性半导体（dilute magnetic semiconductors, DMS）拥有巨 Zeeman 分裂效应，因此，采用 DMSS 制作的 pin-LED 可以作为自旋校准器。例如，将 DMS $Be_{0.07}Mn_{0.03}Zn_{0.9}Se$ 作为自旋校准器[27]，在低温 10K 左右和外磁场大于 1T 下，电子通过 300nm 厚的 BeMnZnSe 层时就能得到自旋极化注入效率高达 90% 的自旋极化电子。相类似的材料还有 $CdMnTe$[28]、

ZnMnSe[29]、ZnSe[30] 和 MnGe[31]，但是这些材料的工作温度都要小于 80K。于是人们开始寻求铁磁体与 DMS 化合作为自旋校准器，但目前在这方面还没有重大的突破。

1.2.2 有机自旋电子器件简介

与无机自旋电子器件相比，有机自旋电子器件具有较长的自旋弛豫时间及自旋弛豫长度，同时还具有制备成本低、种类和结构多样、易于大面积制备等优点[32]。目前主要应用方向为有机自旋阀、有机磁阻器和有机自旋电致发光器。

1.2.2.1 有机自旋阀器件

Dediu 等人[33] 于 2002 年首次报道了在有机半导体内的自旋极化注入和传输。图 1-5（a）为实验结构示意图，提供载流子的铁磁电极为半金属钙钛矿锰材料 $La_{0.7}Sr_{0.3}MnO_3$（LSMO），中间为有机半导体，宽度为 70～500nm、厚度为 100nm 的两个 LSMO 电极之间为六噻吩（T_6）分子聚合物，其薄膜厚度为 150nm。实验分别测量了两种隧道宽度（140nm 和 400nm）的 LSMO/T_6/LSMO 结构的伏安特性曲线，如图 1-5（b）所示，从图中可知所有的 I-V 曲线均有欧姆特性。

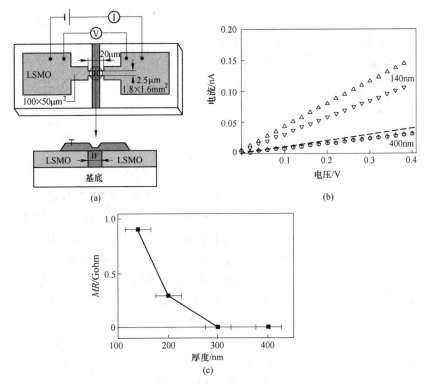

图 1-5　LSMO/T_6/LSMO 三明治结构示意图（a），隧道宽度分别为 140nm 和 400nm 时，
LSMO/T_6/LSMO 的伏安曲线（b），以及磁阻与 T_6 厚度的变化关系（c）

2004 年，Xiong 等人[34]采用小分子有机半导体 Alq_3 作为中间层，LSMO 和 Co 作电极，首次成功制得有机自旋阀，结构示意图如图 1-6（a）所示。由于 LSMO 和 Co 矫顽力场不同，当外加磁场改变铁磁层的磁化方向时，磁化方向相同或相反分别呈现高电阻和低电阻。在 11K 的低温下，实验测得磁阻率可达到 40%，如图 1-6（b）所示。2006 年，Majumdar 等人[35]用有机半导体材料 RRP_3HT（3-已基噻吩）作为中间层制备的有机自旋阀，在 5K 的低温下得到了 80% 左右的磁阻率。2007 年，Santos 等人[36]在室温下测得 $Co/Al_2O_3/Alq_3/Ni_{80}Fe_{20}$ 的隧道磁阻效应约为 4%。2008 年，Dediu 等人[37]再次研究了 $LSMO/Alq_3/Co$ 结构，在 Alq_3 和 Co 电极之间加一层绝缘的隧穿势垒层 Al_2O_3 后，自旋注入效率得到了很大的提高。2009 年，电子自旋扩散长度被 Drew 等人[38]直接测得，并发现磁电阻和自旋扩散长度都与温度息息相关。2010 年，Sun 等人[39]研究了由 $Co/BLAG/Alq_3/LSMO$ 构成有机自旋阀，为尽量减小表面间接触的负面效应，在有机层上沉淀一层磁性纳米点材料来代替磁性原子，结果表明此自旋阀的巨磁阻可高达 300%。

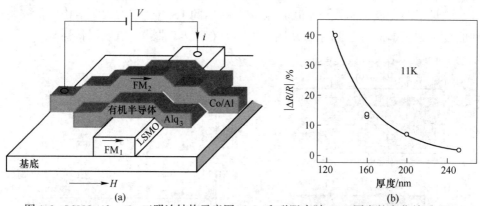

图 1-6 $LSMO/Alq_3/Co$ 三明治结构示意图（a）和磁阻率随 Alq_3 厚度的变化关系（b）

最近，将单个或若干个有机分子放在两铁电极之间，构成的有机分子自旋阀器件成为研究的热点。例如，2010 年，Yoo 等人[40]用有机磁体 $V(TCNE)_x$ 制备的磁隧道自旋阀器件，在 100K 的低温下测到约 2% 的正磁电阻效应；2011 年，Gobbi 等人[41]制备的有机自旋阀 $Py/C_{60}/Al_2O_3/Co$，结构如图 1-7（a）所示。从图 1-7（b）中可知，当 C_{60} 层厚度为 8nm 时，I-V 曲线为对称的非线性曲线，此时输运以隧穿为主。当 C_{60} 层厚度为 28nm 时，I-V 曲线不再对称，此时输运变为跃迁为主。然而更让人兴奋的是当 C_{60} 层厚度稍大于 25nm 时，在室温下其磁电阻可达 5%。近来在理论方面也开展了一系列与磁电阻效应有关的研究。例如，Sheng 等人[42]探讨了在有机自旋阀磁阻器件中，自旋-轨道耦合相互作用对器件输运性质的影响；Bobbert 等人[43]用双极化子机理解释了有机自旋阀磁阻效应；Bergeson 等人[44]研究了磁阻反向是由超精细相互作用引起的。

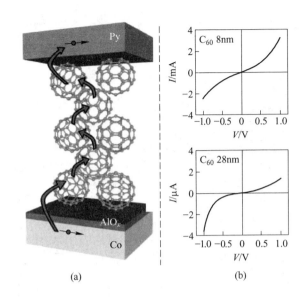

图 1-7　Py/C_{60}/Al_2O_3/Co 有机分子自旋阀示意图（a）和
室温下不同厚度的 C_{60} 分子层 I-V 曲线（b）

1.2.2.2　有机磁电阻器件（organic magnetoresistance，OMAR）

在 2004 年，Francis 等人[45] 在实验上，利用有机分子聚芴（polyfluorene）、Alq_3 和 π 共轭高分子成功制备了单层有机半导体器件，观察到其负磁电阻率与磁场方向无关，受温度影响不大，在温室下测得其负磁电阻率可达 10%，这是所有已知非磁材料在室温下最高的磁阻率，其结果如图 1-8 所示。由于这种磁电阻效应并非为外部极化自旋注入的结果，而是有机物半导体自身的性质，因此为了区分有机自旋阀的磁电阻效应，称其为 OMAR 效应。OMAR 效应引起了全世界的关注，因为它的发现冲破了传统的观念，为有机半导体的应用展开了另一片天地。OMAR 效应很大程度取决于电极材料，因为 OMAR 效应是一种体效应而非界面效应。此后，人们还研究了聚 3-己基噻吩（RR-P_3HT）[46]、聚丙乙烯（PPE）与并五苯（Petance）[47]、聚乙撑二氧噻吩（PEDOT）[48] 和聚对苯乙烯撑（MEHPPV）[49] 等有机半导体的 OMAR 效应。

1.2.2.3　自旋有机电致发光器件

1987 年，美国 Eastman Kodak 公司的 Tang 等人[50] 以芳香二胺作为空穴传输层，8-半羟基喹啉铝作发光层，透明的 ITO 导电膜和镁银合金分别作为阳极和阴极，制备了首个有机发光二极管。其发光机理是在有机发光层中电子和空穴相遇会形成激子，激子辐射复合产生光子。实验测得该器件在电压低于 10V，发光亮度高达 10000cd/m^2，发光效率为 1.5lm/W。后来，由于电子是费米子，

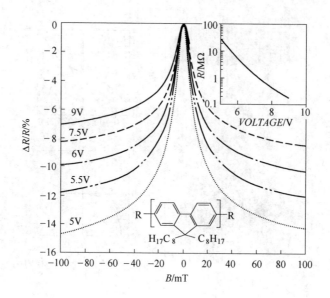

图 1-8　室温下聚芴单层有机半导体磁电阻率随偏压的变化

具有 1/2 的量子数，在空穴与电子相遇时可形成单线态激子或三线态激子。因此，人们开始用控制载流子自旋状态来控制单线态与三线态比例来提高器件发光效率，这种研究施加磁场条件下性能变化的发光器件，称之为自旋有机电致发光器件。

例如，2002 年李峰等人[51]以 NPB 作为空穴传输材料，Alq_3 作为发光及电子传输材料，磁性金属 Ni 作为自旋极化层，分别制作了机电致发光器件，其结构为 ITO/NPB(60nm)/Alq_3(40nm)/Ni(35nm) 及半透明阳极 Ni/NPB(60nm)/Alq_3(40nm)/LiF(0.5nm)/Al(120nm)，获得了有效的电致发光。2004 年美国海军实验室的 Davis 和 Bussmann[52]制成了一系列 NPB/Alq_3 双层膜结构 OLED 器件，其中 CrO_2/NPB/Alq_3/Gd/Au 结构的 OLED 器件在 100K 及较小的磁场强度条件下，呈现低场效应（low field effect，LFE），其发光效率随磁场强度增加而增强，增幅达到 2.8%；在磁场强度较大时，呈现高场效应，发光效率随磁场强度的增加而减小，减幅可达 20%。2006 年 Hu 等人[53]制作了掺杂 CoPt 磁性纳米线的 ITO/MEHPPV：CoPt/Al 结构荧光 OLED 器件和 ITO/Ir(ppy)$_3$：CoPt：PVK/Al 结构磷光 OLED 器件，发现磁场的存在增大了单线态激子形成的比例，并对这一现象给出了理论解释。2007 年 Sun 研究组[54]在 MEHPPV 薄膜中掺入 CoFe 纳米粒子制成 ITO/MEHPPV：CoFe/Al 结构的 OLED 器件，掺杂浓度为 0.1%（质量分数）时，有外加磁场与没有外加磁场相比，器件的发光量子效率提高了 5%，如图 1-9 所示。

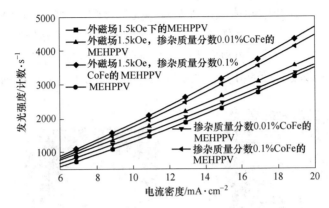

图 1-9　不同 CoFe 掺杂浓度器件分别在无外磁场和外磁场为 1.5kOe 条件下的发光强度

1.3　单分子自旋电子器件的研究现状及磁电阻效应

1.3.1　单分子自旋电子器件的研究现状

自 2004 年 Kim 等人[55]首次从理论上研究自旋单分子器件以来，单分子自旋电子器件逐渐受到人们的关注，单分子自旋电子器件由于结构小、构型稳定和多样性，有着传统半导体器件无可比拟的优势，是未来自旋电子器件的候选材料之一。而要得到各种功能的单分子自旋电子器件，如自旋过滤、自旋翻转和自旋二极管等功能，其主要的工作就是要寻找合适的单分子磁体。所谓单分子磁体是指一种特殊的有机金属化合物，有望应用于量子计算机中。它在特定的低温下，其磁行为类似于纳米尺度磁体的经典性质外，还表现出量子隧道磁化效应和量子干涉效应。自 Sessoli 等人[56]于 1993 年发现了首个单分子磁体以来，在理论和实验上主要研究了富勒烯、金属酞菁分子原子团簇、石墨烯纳米带、金属夹心有机化合物等[57]。然而，由于过渡金属原子 3d 电子的作用，使其具有可调的磁阻态、天然的铁磁性及显著的各向异性，因此以过渡金属原子为磁芯构筑的磁性分子，如金属卟啉分子、过渡金属多层夹心化合物（TM-Mol，TM 代表过渡金属原子，Mol 代表像环戊二烯基、苯基和环辛四烯基的分子）及单分子磁体等，成为当前分子自旋电子学的研究热点[58~65]。之前的实验和理论研究表明过渡金属多层夹心化合物分子与 Au 电极构成的电子器件具有显著的自旋过滤效应，并且自旋过滤效率与分子的长度及界面接触条件密切相关[66,67]。特别是在 2015 年，在单分子自旋电子调控研究领域取得重要进展，沈珍教授课题组与 Tadahiro Komeda 教授[68]合作研究出一种具有抗磁性质的二环［2，2，2］-辛二烯取代铜咔咯分子（Cu-TPC），Cu-TPC 在真空加热升华至金的表面时，通过逆 Diels-Alder 反应失去乙烯分子可以直接定量转变为具有顺磁性的苯并铜咔咯（Cu-Benzo）。利用 STM

首次观测到基于苯并咔咯配体上未成对自旋的近藤响应，如图 1-10 所示。理论计算可得到调控中心金属的 d 轨道与大环配体的 π 轨道的相互作用，使配合物的基态由单重态变为三重态，可以实现分子自旋的"开"与"关"，且可以旋转替代的苯环基团来改变自旋的分布。这在自旋电子调控方面有着广泛的应用前景。

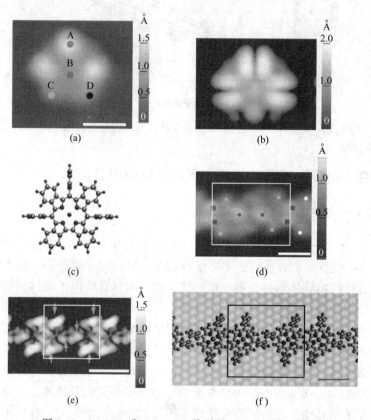

图 1-10　Cu-TPC 和 Cu-Benzo 分子的 STM 图及近藤响应

（a）Cu-TPC 分子的 STM 图；（b）Cu-TPC 分子的近藤响应；（c）Cu-TPC 分子的结构；
（d）Cu-Benzo 分子的 STM 图；（e）Cu-Benzo 分子的近藤响应；（f）Cu-Benzo 分子的结构

　　实际中，影响单分子自旋电子器件输运性质的因素有很多，它不仅与分子几何构型和电子结构有关，还与外部环境有关，如电极、温度、压力及外场等[69,70]。例如，在高温度下铁基配位化合物分子处于高自旋基态，而在低温下，则是低自旋基态更加稳定。通过改变温度能够实现分子在高自旋态和低自旋态之间的相互转化，即自旋翻转效应[71]。在理论上，Sanvito 和 Baadji[72] 研究了铁基两配体络合物在 Au（111）电极之间的自旋翻转输运性质，其巨磁阻效应高达 3000%。Hao 等人[63] 发现双铁芯分磁体连接到两 Au 电极之间，在外加偏压下分子结极化方向发生反转导致了自旋翻转效应。

与一般单磁性分子不同，通常单分子磁体内部的交换相互作用极强，分子间距离较远，相互作用很弱，可看成独立的全同分子，因此，晶体的性质是全同分子性质的叠加，同时，单分子磁体具有磁各向异性，在温度很低的情况下，磁滞回线出现阶梯，表现出明显的等量子特性。目前，实验上定向制备单分子磁体、特性表征、自旋极化输运特性和器件设计等方面取得了显著的进展。例如，通过试验发现在单分子磁体中，电荷的转移对将显著影响自旋弛豫时间、磁各向异性和自旋动力学过程，但还不能从微观的角度对其进行解释，因此在这方面还有理论需要进一步完善和补充。在理论探讨中除考察单分子磁体的电子结构（如能级、波函数、电荷转移）、空间构型和磁性（如磁基态、磁矩、零场分裂、旋轨耦合）外，还需要考虑电声耦合、磁耦合和交换作用、姜-泰勒和 Renner-Teller 效应等。

1.3.2 磁电阻效应

1.3.2.1 巨磁电阻

巨磁电阻（giant magnetoresistance，GMR）效应是一种量子力学效，它一般指层状的磁性薄膜材料在有无外磁场作用时其磁阻存在巨大变化的现象。Mott[73] 提出的两流体模型对 GMR 效应给出了唯象解释，即当自旋散射长度远小于电子散射长度时，自旋向上和自旋向下的电子在系统内是两个独立的输运过程。图 1-11 是一种电流垂直于平面的 GMR 效应原理图[74]，它是由铁磁材料/非铁磁材料薄层交替叠合构成的。当铁磁电极平行极化时，如图 1-11（a）所示，自旋取向与电极磁化方向相同或相反时，电子在传输中分别呈低电阻态和呈高电阻态。此时其电阻 R_P 为：

$$R_P = \frac{R_{\downarrow} R_{\uparrow}}{R_{\downarrow} + R_{\uparrow}} \tag{1-1}$$

式中，$R_{\uparrow}$ 和 $R_{\downarrow}$ 分别为自旋向上和向下电子在传输中的电阻。

当铁磁电极反平行极化时，如图 1-11（b）所示，自旋电子通过相同磁化方向的电极时会受到较小的散射作用，呈低电阻态，但通过与其磁化方向相反电极时会受到较强的散射作用，呈高电阻态。此时其电阻 R_{AP} 为：

$$R_{AP} = \frac{R_{\downarrow} R_{\uparrow}}{R_{\downarrow} + R_{\uparrow}} \tag{1-2}$$

因此，GMR 大小定义为：

$$MR = \frac{R_{AP} - R_P}{R_P} \times 100\% \tag{1-3}$$

1.3.2.2 遂道磁电阻效应

隧道磁电阻（tunnel magnetoresistance，TMR）效应是指在铁磁-绝缘体薄膜-

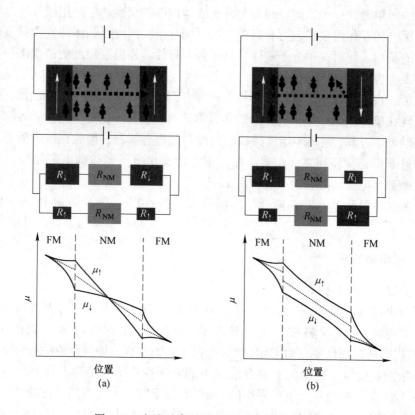

图 1-11 电流垂直于平面的 GMR 效应原理图

（a）铁磁材料/非铁磁材料/铁磁材料；（b）铁磁材料/非铁磁材料/反铁磁材料

铁磁材料中，其穿遂电阻大小随两边铁磁材料相对方向变化的效应。若将图 1-11 中的中间层用绝缘层代替就构成了一个磁性隧道结，如图 1-12 所示[75]。为使电子可以从一个电极隧穿到另外一个电极，一般情况下，绝缘层只有几个原子层。当两铁磁层磁化方向平行时，如图 1-12（a）所示，与两铁磁层磁化方向相同的电可以顺利从一个铁磁层中进入另一个铁磁中；当两铁磁层磁化方向反平行时，如图 1-12（b）所示，此时与两铁磁层磁化方向相同或相反的电子从一个铁磁层中进入另一个铁磁层中都将受阻。

1975 年，在 4K 温度下，Julliere[76] 在 Fe/Ge/Co 隧道结中发现 14% 的 TMR，TMR 效应的表达式可以写为：

$$TMR = \frac{2P_1P_2}{1 - P_1P_2}$$
（1-4）

式中，P_1 和 P_2 分别为两个铁磁电极的自旋极化率。

P 的定义式为：

$$P_i = \frac{N_{i\uparrow}(E_F) - N_{i\downarrow}(E_F)}{N_{i\uparrow}(E_F) + N_{i\downarrow}(E_F)}, \quad i = 1, 2 \tag{1-5}$$

式中，N 为费米面附近的自旋向上或自旋向下电子数。

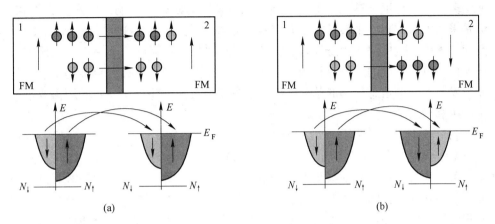

图 1-12　磁性隧道结的示意图

(a) 两个铁磁平行极化；(b) 两个铁磁反平行极化

　　虽然 Julliere 给出了 TMR 的基本表达式，但是仍有许多实验现象不能解释，如温度、电压、中间势垒材料及其高度和厚度引起的 TMR 变化。因为在实际器件中，自旋取向不同的电子并非为相互独立隧穿过程，而是一种相互关联和影响。为此，Slonczewski 等人[77]在 Julliere 模型基础上，考虑了两边势垒波函数交叠的影响，但仍没有考虑温度和电压的影响。后来，实验发现电压对真空隧穿势垒的磁阻影响非常小[78]，发展了势垒层中定域能级的两步隧穿理论，它把温度和电压对磁阻的影响以及负 TMR 值都给出一定的解释[79~81]。Ishikawa 等人[82]在外延 $Co_2MnSi/MgO/Co_2MnSi$ 隧道结中发现 TMR 随着 Co_2Mn_xSi 中 Mn 的含量的改变而改变，在 $x = 1.29$，4.2K 时 TMR 为 1135%，室温时 TMR 为 236%。

1.4　研究分子器件输运性质的目的与意义

　　自从 1947 年晶体管发明以来，半导体技术迅猛发展，晶体管尺寸越来越小，集成度不断提高，但是当硅片绝缘层的厚度小于 0.7nm 时，量子隧穿效应将导致绝缘失效，摩尔定律不再成立[83~85]。因此，为寻求替代者，分子电子学成为了研究热点[86~88]。近年来，人们提出了利用分子来制备电子器件，虽然在理论和实验上都取得了巨大进步，但毫无疑问，该领域的研究还处于探索的婴儿阶段，远未达到应用的成熟程度。还有很多问题亟待解决，如在实验上，现有的技术很难准确地控制和确定分子与电极的距离和接触结构、电极表面形貌、分子构型在空间的取向等。因此，很多的实验结果与理论相差甚远且重复性差。

而在理论上，虽然取得了不少成绩，但实际上还有很多问题仍然存在争议，对很多现象的产生机理尚不清楚。特别是对于自旋分子器件，由于电子除了带有电荷的特性之外，还具有一个内禀属性，即电子自旋。电子自旋的加入使得电子又增多一个自由度，这使得电子输运性质机理更为复杂，影响的因素更为细腻。但是采用电子的自旋来转移、处理和存储信息具有许多优越的特性，如低能耗、高存储密度、响应快、稳定性好、集成度高等[89~92]，因此，进一步深入研究分子器件中电子自旋的操纵及利用，可使得分子自旋电子器件拥有更多的功能，从而引发一场新的信息科学的革命。但总的来说，目前，还存在一些问题需要进一步解决和理解：

（1）实验上无法做到有效控制电极与分子之间的化学成键方式和界面构型（如电极连接处的局部几何形貌、原子平整度、分子与电极连接方向）。虽然实验上可以通过 STM、X 射线衍射和光电子能谱以及红外和拉曼光谱等对其进行表征，但均存在各自的局限性。然而分子器件中，输运性质通常和分子与电极之间的相互作用密切相关，这种相关性与连接分子与电极之间的锚定基团性质相关、与电极和分子的种类及两者的连接方式有关。正是由于实验上的不确定性和理论模型之间差异，导致了很多实验和理论结果大相径庭，有的甚至达到几个数量级。因此，为使理论计算结果与实验结果之间具有可比性，除了进一步改进和完善实验技术条件，还需要构建各种可能的模型来更接近真实的实际情况，并从理论角度进一步分析和解决实验与理论之间存在的差异，并为实验提供理论支持和研究方向。

（2）单分子自旋器件由于体积小，其电子结构和输运特性都紧紧依赖于分子本身、电极-分子界面和外部条件。虽然，可以通过掺杂、边界化学修饰、光场、电场和磁场等来调控自旋输运特性，在分子尺度上去研究体系出现的诸多量子效应，如自旋近藤效应、磁阻效应、自旋翻转等。然而，现存的自旋相关调控方法比较多样化、分散化，这对自旋器件自旋调控和设计的分析和理解不利。因此，还需要开展更多的精准和细致的理论模拟工作，为最终设计多功能、高效率自旋电子器件提供理论支持。

（3）在石墨烯纳米带中，锯齿形石墨烯纳米带因其独特的磁学性质与输运性质，使其最有可能应用于未来制备多功能的半导体自旋器件及应用于制备石墨烯电路。目前，对锯齿形石墨烯纳米带的自旋输运特性进行了深入的研究，并取得很多的研究成果，然而，对锯齿形石墨烯纳米带自旋调控的方法和机理还不完善。因此，还需要从理论角度进一步探究自旋的调控方法以及调控规律，这将为石墨烯纳米带最终应用于制备多功能、高效率的自旋电子器件提供理论基础，特别是为未来量子计算机提供候选材料。

2　理论基础与计算方法

2.1　第一性原理计算

第一性原理计算（the first-principles calculation）是指依据原子核和电子互相作用的原理及其基本运动规律，运用量子力学原理，从具体要求出发，经过一些近似处理后直接求解薛定谔方程的算法[93,94]，又称为从头（ab initio）计算。这种量子力学计算的基本思想是将多原子构成的体系理解为由电子和原子核组成的多粒子体。但是固体一般都是具有约 10^{23} 数量级粒子的多粒子系统，具体应用量子理论时会导致物理方程过于复杂以至于无法求解，所以必须采用一些近似和简化方可将量子理论应用于固体系统。首先通过玻恩-奥本海默（Born-Oppenheimer)[95,96]绝热近似，将原子核的运行与电子的运动分开，即考虑电子运动时原子核是处在它们的瞬时位置上，原子核的运动不影响电子的运动，当考虑原子核的运动时则不考虑电子在空间的具体分布，从而将多粒子系统简化为多电子系统。然后 Hartree-Fock 近似[97,98]将多电子问题简化为仅与以单电子波函数（分子轨道）为基本变量的单粒子问题。但是其中波函数的行列式表示使得求解需要非常大的计算量；对于研究分子体系，它可以作为一个很好的出发点，但是不适于研究固态体系。1964 年，Hohenberg 和 Kohn[99]提出了更严格的密度泛函理论（density functional theory，DFT）。它建立在非均匀电子气理论基础之上，以粒子数密度 $\rho(r)$ 作为基本变量。1965 年，Kohn 和 Sham[100]提出 Kohn-Sham 方程，将复杂的多电子问题及其对应的薛定谔方程转化为相对简单的单电子问题及单电子 Kohn-Sham 方程。将精确的密度泛函理论应用到实际，但仍需要对电子间的交换关联作用进行近似。局域密度近似（LDA）、广义梯度近似（GGA）等的提出，以及以密度泛函理论为基础的计算方法（赝势方法、全电子线形缀加平面波方法（FLAPW）等）的提出，使得第一性原理计算在材料设计、合成、模拟计算和评价等方面取得了广泛的应用。

2.1.1　绝热近似

量子力学在处理一个多粒子多电子的系统，通常在不考虑相对论效应及外场作用时，系统内就只存在库仑相互作用以及电子和原子核间的相互作用，此时体系不含时哈密顿量为：

$$\hat{H} = - \sum_i \frac{\hbar^2}{2m} \nabla^2_{r_i} - \sum_j \frac{\hbar^2}{2M_j} \nabla^2_{R_j} + \frac{1}{2} \sum_{i \neq j} \frac{e^2}{|r_i - r_j|} +$$

$$\frac{1}{2} \sum_{i \neq j} V_N(R_i - R_j) - \sum_{i,j} V_{e-N}(r_i - R_j) \tag{2-1}$$

式中，R_j 为原子坐标；r_j 为电子坐标；$- \sum_i \frac{\hbar^2}{2m} \nabla^2_{r_i}$ 和 $- \sum_j \frac{\hbar^2}{2M_j} \nabla^2_{R_j}$ 分别为电子和原子核的动能；$\frac{1}{2} \sum_{i \neq j} \frac{e^2}{|r_i - r_j|}$ 和 $\frac{1}{2} \sum_{i \neq j} V_N(R_i - R_j)$ 分别为电子间和原子核之间的库仑势能；$\sum_{i,j} V_{e-N}(r_i - R_j)$ 是电子与原子核之间的相互作用能。

原则上，体系的所有性质都可以通过求解体系的薛定谔方程得到：

$$\hat{H}\psi(r, R) = E\psi(r, R) \tag{2-2}$$

但实际上，只有极少数体系可以完全求解多体系的薛定谔方程的波函数，这是因为完备薛定谔方程不能分解为一系列相互独立的方程，这就需要对方程中原子核和电子的自由度进行分离。幸运的是，我们知道电子的质量约为 10^{-31} kg 量级，而原子核的质量约为 10^{-27} kg 量级，对比两者的质量，不难发现电子的质量相对于原子核来说可以忽略不计。并且原子核的运动速率要远远小于电子的运动速率，我们可近似地认为，在某一个电子运动的时刻，原子核是静止在它瞬间的位置上的，因此，原子核的动能相对电子的动能也可忽略不计，同时可以认为电子的运动与原子核的运动没有耦合作用，这就是著名的玻恩-奥本海默绝热近似[95,96]。它把原子中的两种离子的运动孤立开来去考虑。那么，我们就可以认定原子核的哈密顿量中动能项为零，此刻原子核的势能项因原子核坐标固定而变为一个常数项，该常数项对描述体系状态的波函数是没有贡献的，因此，可以通过选取一个合适的势能参考点而将该项抹去。由此一个多粒子相互作用的体系的哈密顿量就可以简化写成：

$$\hat{H} = - \sum_i \frac{\hbar^2}{2m} \nabla^2_{r_i} + \frac{1}{2} \sum_{i \neq j} \frac{e^2}{|r_i - r_j|} - \sum_{i,j} V_{e-N}(r_i - R_j) \tag{2-3}$$

2.1.2　Hartree-Fock 近似和自洽场方法

玻恩-奥本海默绝热近似是将多粒子问题转化为多电子的问题，大大简化了求解薛定谔方程。但是，由于电子之间的库仑相互作用，能严格求解只有含电子数较少的原子和某些分子的系统。1928 年，Hartree[97,98]提出将多电子问题近似为单电子问题的方法。他不考虑电子与电子相互作用的项，而是把电子视为在离子势场和其他所有电子构成的平均势场中的运动。这样多电子波函数可以写成多个单电子波函数的乘积：

$$\psi(\boldsymbol{r}) = \prod_{i=1}^{N} \varphi_i(\boldsymbol{r}_i) \tag{2-4}$$

则多电子的薛定谔方程（2-2）简化为 Hartree 方程：

$$\hat{H}_i \varphi_i(\boldsymbol{r}) = E_i \varphi_i(\boldsymbol{r})$$
$$= \left[-\frac{\hbar^2}{2m} \nabla^2 - \sum_j V_{e-N}(\boldsymbol{R}_j) + \sum_{i' \neq i} \int d\boldsymbol{r}' \frac{|\varphi_{i'}(\boldsymbol{r}')|^2}{|\boldsymbol{r}_i - \boldsymbol{r}_{i'}|} \right] \varphi_i(\boldsymbol{r}) \tag{2-5}$$

式中，$\sum_j V_{e-N}(\boldsymbol{R}_j)$ 为原子核的作用势；$\sum_{i' \neq i} \int d\boldsymbol{r}' \dfrac{|\varphi_{i'}(\boldsymbol{r}')|^2}{|\boldsymbol{r}_i - \boldsymbol{r}_{i'}|}$ 为电子的平均势。

式（2-5）描述了单电子在 $\boldsymbol{r}$ 处受到原子核作用势和电子的平均势下的运动。然而 Hartree 近似把所有电子当作没有差别的粒子，没有考虑电子波函数的交换反对称性。后来，Fock 于 1930 年考虑了泡利不相容原理及交换反对称性的基础上，将轨道乘积形式的波函数以 Slater[101] 行列式的形式表示为：

$$\psi = \frac{1}{\sqrt{N!}} \begin{vmatrix} \varphi_1(\boldsymbol{r}_1, \sigma_1) & \varphi_1(\boldsymbol{r}_2, \sigma_2) & \cdots & \varphi_1(\boldsymbol{r}_N, \sigma_N) \\ \varphi_2(\boldsymbol{r}_1, \sigma_1) & \varphi_2(\boldsymbol{r}_2, \sigma_2) & \cdots & \varphi_2(\boldsymbol{r}_N, \sigma_N) \\ \vdots & \vdots & \ddots & \vdots \\ \varphi_N(\boldsymbol{r}_1, \sigma_1) & \varphi_N(\boldsymbol{r}_2, \sigma_2) & \cdots & \varphi_N(\boldsymbol{r}_N, \sigma_N) \end{vmatrix} \tag{2-6}$$

这种由 Hartree 提出，再由 Fock 加以修正的方法，被称为 Hartree-Fock 近似。

根据式（2-6）定义的 Hartree-Fock 波函数，可知体系基态能量的期望值为：

$$E = \langle \varphi | H | \varphi \rangle$$
$$= \sum_i \int d\boldsymbol{r} \varphi_i^*(\boldsymbol{r}) H_i \varphi_i(\boldsymbol{r}) -$$
$$\frac{1}{2} \sum_{i,j,\, i \neq j} \int d\boldsymbol{r} d\boldsymbol{r}' \varphi_i^*(\boldsymbol{r}) \varphi_i(\boldsymbol{r}') \frac{1}{|\boldsymbol{r} - \boldsymbol{r}'|} \varphi_j^*(\boldsymbol{r}') \varphi_j(\boldsymbol{r}) \tag{2-7}$$

式中，第三项为电子之间的交换相互作用。再根据变分原理对能量所有变量进行变分，可得到 Hartree-Fock 方程：

$$\left[-\frac{\hbar^2}{2m} \nabla^2 + \sum_j V_{e-N}(\boldsymbol{R}_j) + \sum_j \int d\boldsymbol{r}' \frac{|\varphi_j(\boldsymbol{r})|^2}{|\boldsymbol{r} - \boldsymbol{r}'|} \right] \varphi_i(\boldsymbol{r}) -$$
$$\sum_j \int d\boldsymbol{r}' \frac{\varphi_j^*(\boldsymbol{r}') \varphi_i(\boldsymbol{r}')}{|\boldsymbol{r} - \boldsymbol{r}'|} \varphi_j(r) = E_i \varphi_i(\boldsymbol{r}) \tag{2-8}$$

上式为一个非线性方程，因为任意单电子轨道都与其他电子态波函数非线性相关。求解此方程需要用一种自洽场方法（self-consistent field method，SCF）。其基本思想是先初始猜测一组电子的本征波函数 $\varphi_i(\boldsymbol{r})$，再利用初始波函数计算每个电子所受到的有效势场（Hartree 势和 Hartree 能量），然后将其代入式（2-8）中，就可以得到一组新的电子波函数，以此反复迭代，直到电子的本征态和有效势场的偏差在收敛标准以内。

Hartree-Fock 近似和自洽场方法是电子结构理论计算的基础[102,103]，但是，Hartree-Fock 方法同样存在局限，即：它没有考虑高速运转粒子的相对论效应以及电子相关作用，使其在实际应用时存在很多局限。为解决 Hartree-Fock 方法在很多领域存在局限的问题，人们又发展了很多基于 Hartree-Fock 近似的方法，如组态相互作用方法（configuration interaction，CI）、基于微扰论的 Møller-Plesset（MP）方法以及耦合团簇方法等。

2.1.3 密度泛函理论

在波动力学理论中，描述体系性质的波函数通常由多电子体系来构造，并随体系所含电子数越多，其自变量越多（电子数为 N 的体系波函数有 $3N$ 个变量），因此，要求解多电子体系的薛定谔方程难度相当大。为攻克这一问题，Thomas 和 Fermi 于 1927 年通过将原子体系的动能和势能表示为密度的泛函建立了 Thomas-Fermi 模型，它是密度泛函理论的原型。后来在 1951 年，Slater 提出将 Hartree-Fock 方法中离域的交换势近似地用一个定域的电子密度函数的泛函来替代，这可以大大简化计算过程，被当时广泛地采用。1964 年 Hohenberg 和 Kohn[99] 严格证明了两个定理，并奠定了密度泛函理论基础。翌年，Kohn 和 Sham[100] 提出的 Kohn-Sham 方程，使得体系的电荷密度分布和总能量在理论上可以被精确求解，为其应用解决实际问题给予了理论支撑。此后在局域密度近似（LDA）和广义梯度近似（GGA）的基础上，通过应用多种更好的交换关联泛函理论计算的精确度逐步提高，近年来，密度泛函理论与分子动力学相交融和发展，并在材料设计和研发等多方面有着重要的贡献，成为计算材料科学的基础和核心。尤其是密度泛函理论方法在量子化学计算领域，已被成功地应用于分析分子的结构和性质、光谱、能谱、热化学、反应机理、过渡态结构和活化势垒等许多问题的研究[104]。

2.1.3.1 Thomas-Fermi-Dirac 近似

Thomas 和 Fermi 于 1927 年提出了理想的均匀电子气模型，即考虑在不受外力下，电子彼此间可以看作是相互独立的，空间由无数足够小的立方体组成，通过求解这些立方体中粒子的薛定谔方程，可得到体系相应的能量和密度的表达式，再由两式联立简化后便可得到能量与粒子密度的关系式：

$$T_{TF}[\rho] = \frac{3}{10}(3\pi^2)^{2/3} \int \rho^{\frac{5}{3}}(\boldsymbol{r}) \, d\boldsymbol{r} \tag{2-9}$$

式中，$\rho(\boldsymbol{r})$ 为一个待定的函数；$T_{TF}[\rho]$ 为动能；ρ 为粒子密度。则电子体系的总能量与电子密度的关系为：

$$E_{TF}[\rho] = \frac{3}{10}(3\pi^2)^{\frac{2}{3}} \int \rho^{\frac{5}{3}}(\boldsymbol{r}) \, d\boldsymbol{r} - Z \int \frac{\rho(\boldsymbol{r})}{\boldsymbol{r}} d\boldsymbol{r} + \frac{1}{2} \iint \frac{\rho(\boldsymbol{r})\rho(\boldsymbol{r}')}{|\boldsymbol{r} - \boldsymbol{r}'|} d\boldsymbol{r} d\boldsymbol{r}' \tag{2-10}$$

这就是在 Thomas-Fermi 理论模型下的能量泛函公式, 其中, Z 是核电荷数, 但同样存在不足, 因为它没有考虑电子的交换及关联作用。因此, Dirac 于 1930 年将局域近似条件下加入粒子间交换相互作用, 此时, 在外场 $V_{ext}(r)$ 下的能量泛函可以表示为:

$$E_{TF}[\rho] = \frac{3}{10}(3\pi^2)^{\frac{2}{3}}\int \rho^{\frac{5}{3}}(r)\,dr + \int \rho(r)V_{ext}(r)\,dr -$$

$$\frac{3}{4}\left(\frac{3}{\pi}\right)^{\frac{1}{3}}\int \rho^{\frac{4}{3}}(r)\,dr + \frac{1}{2}\iint\frac{\rho(r)\rho(r')}{|r-r'|}dr\,dr' \qquad (2\text{-}11)$$

这就是著名的 Thomas-Fermi-Dirac 近似。但是由于过于粗糙的近似, 未能体现体系的最基本物理和化学信息。例如不能很好地描述原子轨道不同的局域性, 分子体系中的成键问题等, 从而未能得到很好的应用。

2.1.3.2 Hohenberg-Kohn 定理

1964 年, Hohenberg 和 Kohn 验证了对于非简并基态的分子体系, 其基态能量、波函数等性质只依赖于基态电荷密度, 并提出的两个重要假设是密度泛函理论最基本的理论基础。其假设可归结为两个定理, 被称之为 Hohenberg-Kohn (HK) 第一和第二定理, 具体表述如下所示。

HK 第一定理: 在不同外场作用下, 体系处在基态的粒子数密度可通过一个粒子系统的基态粒子密度来表示, 但要求该粒子系统之间不存在相互作用。

证明: 先考虑基态非简并的情况, 假设存在两个外势场 $V_1(r)$ 和 $V_2(r)$, $V_1(r) - V_2(r) \neq$ 常数, 则有两个不同的 Hamilton 量 $\hat{H}_1$ 和 $\hat{H}_2$, 相应的非简并基态波函数分别为 ψ_1 和 ψ_2。并假定两种情况下基态粒子密度分布 ρ 相同, 则根据能量变分原理, 有:

$$\begin{aligned} E_1 &= \langle\psi_1|\hat{H}_1|\psi_1\rangle < \langle\psi_2|\hat{H}_1|\psi_2\rangle \\ &= \langle\psi_2|\hat{H}_2|\psi_2\rangle < \langle\psi_2|\hat{H}_1 - \hat{H}_2|\psi_2\rangle \\ &= E_2 + \int\rho(r)[V_1(r) - V_2(r)]\,dr \end{aligned} \qquad (2\text{-}12)$$

类似地, 可以写出:

$$E_2 < E_1 - \int\rho(r)[V_1(r) - V_2(r)]\,dr \qquad (2\text{-}13)$$

将式 (2-12) 与式 (2-13) 相加, 得到 $E_1 + E_2 < E_2 + E_1$, 显然不对, 故原假设不成立, 也即粒子密度与外势场有一一对应的关系。因为此证明设定的基态为非简并的。只能适应非并简系统。后来, 1985 年 Kohn 证明上述定理对简并基态同样成立。

HK 第二定理: 对于任意一个试探密度函数, 若满足条件: $\rho(r) \geqslant 0$,

$\int \rho(\boldsymbol{r}) \mathrm{d}\boldsymbol{r} = N$，则有 $E[\rho(\boldsymbol{r})] \geqslant E_0$，$N$ 是体系包含的电子数，E_0 是体系基态能量。

证明：由定理一，设 $\rho'(\boldsymbol{r})$ 有唯一确定的 $V'(\boldsymbol{r})$，从而有确定基态波函数 Ψ' 和 Hamilton 量 $\hat{H}$，根据变分原理：

$$\langle \Psi' | \hat{H} | \Psi' \rangle = E[\rho'(\boldsymbol{r})] \geqslant \langle \Psi | \hat{H} | \Psi \rangle = E[\rho(\boldsymbol{r})] = E_0 \tag{2-14}$$

因此，对任一特定的粒子密度 $\rho'(\boldsymbol{r})$，体系的基态能量为能量泛函的全局极小值，此时 $\rho'(\boldsymbol{r})$ 即体系的基态粒子密度。

有了以上两个定理，体系在外势中的哈密顿量为：

$$\hat{H} = -\frac{\hbar^2}{2m} \sum_i \nabla^2 - \sum_i V_{\mathrm{ext}}(r_i) + \frac{1}{2} \sum_{i' \neq j} \int \frac{e^2}{|\boldsymbol{r}_i - \boldsymbol{r}_j|} \tag{2-15}$$

相应的能量泛函为：

$$\begin{aligned} E_{\mathrm{HK}}[\rho] &= T[\rho] + V_{\mathrm{ne}}[\rho] + V_{\mathrm{ee}}[\rho] \\ &= F_{\mathrm{HK}}[\rho] + \int V_{\mathrm{ext}}(\boldsymbol{r})\rho(\boldsymbol{r})\mathrm{d}\boldsymbol{r} \end{aligned} \tag{2-16}$$

其中：

$$F_{\mathrm{HK}}[\rho] = T[\rho] + V_{\mathrm{ee}}[\rho] \tag{2-16a}$$

$$V_{\mathrm{ee}}[\rho] = J[\rho] + 非经典项 \tag{2-16b}$$

$$J[\rho] = \frac{1}{2} \iint \frac{\rho(\boldsymbol{r})\rho(\boldsymbol{r}')}{|\boldsymbol{r} - \boldsymbol{r}'|} \mathrm{d}\boldsymbol{r}\mathrm{d}\boldsymbol{r}' \tag{2-16c}$$

式中，$T[\rho]$ 为动能泛函；$V_{\mathrm{ee}}[\rho]$ 为电子相互作用能泛函；$V_{\mathrm{ne}}[\rho]$ 为原子核和外场的作用势；$J[\rho]$ 为经典的 Coulomb 作用泛函。

2.1.3.3   Kohn-Sham 方程

在 Hohenberg-Kohn 定义的泛函中，由于不知道 $T[\rho]$ 和 $\int V_{\mathrm{ext}}(\boldsymbol{r})\rho(\boldsymbol{r})\mathrm{d}\boldsymbol{r}$ 的具体表达式，使得在实际的理论计算中无法解析。直到 1965 年，Kohn 和 Sham 提出将能量泛函的粒子的动能和势能保留，将其他作用都归并为一项 $E_{\mathrm{xc}}[\rho]$，再寻求其近似形式，这就是著名的 Kohn-Sham 理论。

设想对于任意一个有电子相互作用的 N 电子体系都有一个无电子相互作用的体系相对应，并存在正交归一函数组 $\{\phi_i, i = 1, \cdots, N\}$，基态电子密度 $\rho(\boldsymbol{r})$ 与实际体系的基态密度相同，其 Hamilton 量为：

$$\hat{H}_{\mathrm{s}} = \sum_i^N \left(-\frac{1}{2} \nabla_i^2 \right) + \sum_i^N V_{\mathrm{s}}(\boldsymbol{r}) \tag{2-17}$$

则 $F_{\mathrm{HK}}[\rho]$ 可表示为：

$$F_{\mathrm{HK}}[\rho] = T_{\mathrm{s}}[\rho] + J[\rho] + E_{\mathrm{xc}}[\rho] \tag{2-18}$$

式中，$T_{\mathrm{s}}[\rho]$ 为无相互作用体系的动能泛函；$E_{\mathrm{xc}}[\rho]$ 为交换相关能泛函。

式（2-18）联立式（2-16a）可得：

$$E_{xc}[\rho] = T[\rho] - T_s[\rho] + V_{ee}[\rho] - J[\rho] \tag{2-19}$$

如果函数组 $\{\phi_i\}$ 选择得当，则 $T_s[\rho] + J[\rho]$ 会是 $F_{HK}[\rho]$ 的主要部分，泛函 $E_{xc}[\rho]$ 的量值就会变得非常小，这样在作密度变分近似处理引进的误差就会较小，于是有：

$$E[\rho] = T_s[\rho] + J[\rho] + \int V(\boldsymbol{r})\rho(\boldsymbol{r})\mathrm{d}\boldsymbol{r} + E_{xc}[\rho]$$

$$= \sum_{i=1}^{n} \int \phi_i^*(\boldsymbol{r}) \left[-\frac{1}{2}\nabla^2 \right] \phi_i(\boldsymbol{r})\mathrm{d}\boldsymbol{r} + \frac{1}{2}\int \frac{\rho(\boldsymbol{r})\rho(\boldsymbol{r}')}{|\boldsymbol{r}-\boldsymbol{r}'|}\mathrm{d}\boldsymbol{r}\mathrm{d}\boldsymbol{r}' + \int V(\boldsymbol{r})\rho(\boldsymbol{r})\mathrm{d}\boldsymbol{r} + E_{xc}[\rho]$$

$$\tag{2-20}$$

由正交归一性 $\langle \phi_i | \phi_j \rangle = \delta_{ij}$，对 $\{\phi_i\}$ 变分求极限，令：

$$\delta\left\{ E[\rho] - \sum_{i=1}^{N}\sum_{j=1}^{N} \varepsilon_{ij} \int \phi_i^*(\boldsymbol{r})\phi_j(\boldsymbol{r})\mathrm{d}\boldsymbol{r} \right\} = 0 \tag{2-21}$$

即得到 Kohn-Sham 方程：

$$\hat{H}_{KS}\phi_i(\boldsymbol{r}) = \left[-\frac{1}{2}\nabla^2 + V_{eff}(\boldsymbol{r}) \right] \phi_i(\boldsymbol{r}) = \varepsilon_i \phi_i(\boldsymbol{r}) \tag{2-22}$$

$$V_{eff}(\boldsymbol{r}) = V(\boldsymbol{r}) + \int \frac{\rho(\boldsymbol{r}')}{|\boldsymbol{r}-\boldsymbol{r}'|}\mathrm{d}\boldsymbol{r}' + V_{xc}(\boldsymbol{r}) \tag{2-22a}$$

$$V_{xc}(\boldsymbol{r}) = \frac{\delta E_{xc}[\rho]}{\delta\rho(\boldsymbol{r})} \tag{2-22b}$$

式中，$V(\boldsymbol{r})$ 为核吸引势；$\int \dfrac{\rho(\boldsymbol{r}')}{|\boldsymbol{r}-\boldsymbol{r}'|}\mathrm{d}\boldsymbol{r}'$ 为电子间的 Coulomb 势；$V_{xc}(\boldsymbol{r})$ 为交换相关势。

如果给出 $V_{xc}(\boldsymbol{r})$ 的具体形式，即可求解方程式（2-22），得到基态电子密度和能量。但在实际计算中，$V_{xc}(\boldsymbol{r})$ 通常未知，因此，就需要引入相应的近似（如局域密度近似、广义梯度近似等），再用自洽迭代的方法来进行求解。Kohn-Sham 方法是将有相互作用的多体问题转化为无相互作用的单体问题求解，但在求解时还需要考虑选择什么样的基函数对单电子波函数进行展开[105,106]，理论上，任意波函数的展开都需要在一个无穷维的 Hilbert 空间，但在实际计算中不可能实现，因此采用截断能的方法来进行处理，即将其展开为一个有限基组的线性组合。常用的基组函数有 Slater 类型原子轨道（STO）[107]、Gaussian 类型原子轨道（GTO）[108]以及平面波基组等。

2.1.3.4 交换关联泛函

通过对 Kohn-Sham 方程中介绍可知，除交换相关能 $V_{xc}(\boldsymbol{r})$ 是近似求得以外，其余各项都能准确求得，可见交换相关能 $V_{xc}(\boldsymbol{r})$ 的精确性决定了密度泛函理论求解的精度。因此，密度泛函理论的核心是找到合体体系的高精度的交换相关能泛函。目前有的交换相关能量泛函有：局域（自旋）密度近似泛函［Local（Spin）Density Approximation，L(S)DA］、（自旋）广义梯度近似泛函［(Spin) Generalized Gradient Approximation，(S)GGA］、Meta-GGA、杂化密度泛函、完全非局域泛函等。虽然引入的轨道数越多精度也越高，但会带来计算量的指数增加。因此我们主要介绍目前比较实用的相关泛函：L(S)DA 与 (S)GGA。

局域（自旋）密度近似：LDA 是建立在 Thomas-Fermi 模型的基础上，假定非均匀电子系统的电荷密度是缓慢线性变化，系统由许多足够小的体积元 dr 构成，且假定电荷密度 $\rho(r)$ 在每个体积元中是一个常数。在此近似下，交换相关能可以写成如下简单形式：

$$E_{xc}^{LDA}[\rho(r)] = \int \rho(r)\varepsilon_{xc}[\rho(r)]dr \tag{2-23}$$

如果考虑电子的自旋，交换相关泛函常用自旋非限制的形式表示，即两种电子可以有不同的空间轨道，此时交换相关能可写为：

$$E_{xc}^{LSDA}[\rho_\alpha, \rho_\beta] = \int dr\rho(r)\varepsilon_{xc}[\rho_\alpha(r), \rho_\beta(r)] \tag{2-24}$$

这里 ε_{xc} 是 ρ 的一般函数，表示在均匀电子气密度的条件下，每个电子的交换相关能。

L(S)DA 在处理固态结构或者电子之间的交换和相关作用比较局域的体系时，都可以很好地预测其的几何构型，如键长、键角、振动频率等。但是对于电子密度在空间变化比较剧烈的体系，L(S)DA 大多不能给出非常好的结果，这就促使了各种广义梯度近似的发展。

（自旋）广义梯度近似：在实际体系中电子密度不可能均匀分布，为改善L(S)DA 的某些不足，如过高的结合能。因此，要考虑电子密度梯度的影响，以适应实际计算的需求。其中比较通用的是 GGA，此时交换关联函数为电子密度及其梯度的函数：

$$E_{xc}^{GGA}[\rho] = \int dr\rho(r)\varepsilon_{xc}[\rho(r)] + E_{xc}^{GGA}[\rho(r)|\nabla\rho(r)|] \tag{2-25}$$

同理，如果考虑电子的自旋，此时交换相关能可写为：

$$E_{xc}^{SGGA}[\rho_\alpha, \rho_\beta] = \int dr\rho(r)\varepsilon_{xc}[\rho_\alpha(r), \rho_\beta(r), \nabla\rho_\alpha(r), \nabla\rho_\beta(r)]$$

与 L(S)DA 相比，(S)GGA 对某些材料能够给出更好的结果，如改进了总能、固体结合能和平衡晶格常数的计算。因此 GGA 大大地拓宽了密度泛函理论的应用范围。目前常用的 GGA 泛函有 Becke88（B88）[109]、PW91[110] 和 PBE[111] 等。

除了 LDA 和 GGA 类泛函之外，还有自作用校正（self-interaction correction，

SIC)[112]、包含动能密度梯度和的交换-相关能泛函（meta-GGA 类泛函）[113]、杂化密度泛函[114]（hybrid-GGA）以及非局域密度近似（NLDA）等。特别是杂化密度泛函将交换能写成是 Hartree-Fock 方法以及密度泛函方法得到的交换能的一个线性组合 $E_{xc} = c_1 E_{xc}^{HF} + c_2 E_{xc}^{DFA}$，这样构造的交换关联能量泛函通常会比密度泛函方法更为精确，但与此同时计算量也大大增加且有时也不一定更好。因此，在实际的理论计算中要与实验值进行对比，择优选取交换关联势。

2.2 格林函数方法

从 20 世纪 50 年代始，量子场论中的格林函数方法被利用于研究统计物理学中的问题。到 20 世纪 60 年代后期，格林函数理论在固体物理等多个领域得到了进一步的拓展。目前，格林函数理论发展较为成熟，已广泛应用于众多领域。所谓格林函数方法，在数学上是用来求解有初始条件或边界条件的非齐次微分方程的函数。从物理上来看，数学物理方程表示是一种特定的"场"和产生这种场的"源"之间的关系。例如：热传导方程表示温度场和热源之间的关系，泊松方程表示静电场和电荷分布的关系等。这样，当源被分解成很多点源的叠加时，如果能设法知道点源产生的场，利用叠加原理，我们可以求出同样边界条件下任意源的场，这种求解数学物理方程的方法就叫格林函数法，而点源产生的场就叫作格林函数。并且我们把处理平衡态系统的格林函数称为平衡格林函数，把处理非平衡态系统的格林函数称为非平衡格林函数。

2.2.1 平衡格林函数

在物理意义上，平衡格林函数又叫作时间序（time-ordered）格林函数，对于含时的体系，格林函数可表示为：

$$G^t(r, t; r', t') = -i \langle T\hat{\psi}(r, t)\hat{\psi}^\dagger(r', t') \rangle \tag{2-26}$$

式中，T 为时序算符；$\hat{\psi} + (r', t')$ 为海森堡表象中的算符。通常时序算符 T 总是把前面的时间放到算符右边去，如下所示：

$$T\{A(t)B(t')\} = \theta(t - t')A(t)B(t') \mp \theta(t' - t)B(t')A(t) \tag{2-27}$$

式中，"+"与"-"分别适应玻色子和费米子；$\theta(t - t')$ 为阶梯函数。

通常我们引入推迟（retarded）和提前（advanced）格林函数以及大于和小于格林函数，其表达式为：

$$G^R(r, t; r', t') = -i\theta(t - t') \langle [\psi(r, t), \psi^\dagger(r', t')] \rangle \tag{2-28}$$

$$G^A(r, t; r', t') = i\theta(t - t') \langle [\psi(r, t), \psi^\dagger(r', t')] \rangle \tag{2-29}$$

$$G^<(r, t; r', t') = i \langle \psi^\dagger(r', t')\psi(r, t) \rangle \tag{2-30}$$

$$G^>(r, t; r', t') = -i \langle \psi(r, t)\psi^\dagger(r', t') \rangle \tag{2-31}$$

上式中 G^{R}（G^{A}）表示体系在较早（晚）t'（t）时刻的微扰在 t（t'）时刻的响应，并且上述四式存在如下关联：

$$G^{R} - G^{A} = G^{>} - G^{<} \tag{2-32}$$

$$G^{R}(r, t; r', t') = \theta(t - t')[G^{>}(r, t; r', t') - G^{<}(r, t; r', t')] \tag{2-33}$$

$$G^{A}(r, t; r', t') = -\theta(t' - t)[G^{>}(r, t; r', t') - G^{<}(r, t; r', t')] \tag{2-34}$$

通常一些可观察量，如粒子数密度与粒子流密度，可用大于和小于格林函数来表示：

$$n(r) = -iG^{<}(r, t; r', t') \tag{2-35}$$

$$j(r, t) = \frac{1}{2}\lim_{r' \to r}(\nabla' - \nabla)G^{<}(r, t; r', t') \tag{2-36}$$

在热平衡方程中，体系的变化只依赖于时间 t 的改变，因此，对时间作傅里叶变换可得到一些格林函数关系式：

$$[G^{R}]^{\dagger} = G^{A} \tag{2-37}$$

$$[G^{<, >}]^{\dagger} = -G^{<, >} \tag{2-38}$$

$$G^{<}(E) = if(E)A(E) \tag{2-39}$$

$$G^{>}(E) = -i[1 - f(E)]A(E) \tag{2-40}$$

$$A(E) = i[G^{R} - G^{A}] = i[G^{>} - G^{<}] \tag{2-41}$$

2.2.2 非平衡格林函数

非平衡格林函数的微扰理论是一种多体微扰理论，它起源于 Kadanoff 和 Baym 的理论，再经 Keldysh 进一步完善，最后由 Craig[115] 完成。通常对一个多粒子体系，其哈密顿量 H 可写为：

$$H = H_{0} + H'(t) \tag{2-42}$$

式中，$H'(t) \ll H_{0}$，H_{0} 为体系的基态哈密顿量，可严格求解，$H'(t)$ 为含时微扰项。非平衡格林函数方法不是直接去求解 Schrödinger 方程，而是通过格林函数方法来探究 H_{0} 的系统在 H' 的"微扰"下的演化过程。

与平衡格林函数不同，非平衡格林函数不能再假定系统经过演化后仍能回到基态，因此，在处理非平衡态问题时，Schwinger[116] 于 1961 年提出了复时间积分回路 C，如图2-1

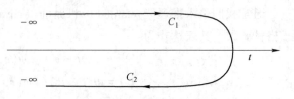

图 2-1 定义非平衡态格林函数的积分路径

所示，它从 $t = -\infty$ 沿时间 t 轴演化到 $t = +\infty$，然后再由 $t = +\infty$ 沿 t 轴返回到 $t = -\infty$，这就避免了 $t = +\infty$ 时状态的不确定性。因此，格林函数在复时间平面内定义为：

$$G^C(x, t; x', t') = -\mathrm{i}\langle T_C \psi(x, t)\psi^\dagger(x', t')\rangle \tag{2-43}$$

式中，T_C 为定义在沿闭路 C 的时间排序算子，根据时间 t 位于 C_1 和 C_2 上时，可以定义下面四个格林函数：

$$G(x, t; x', t') = \begin{cases} G^C(x, t; x', t') & t, t' \in C_1 \\ G^>(x, t; x', t') & t \in C_1, t' \in C_2 \\ G^<(x, t; x', t') & t \in C_2, t' \in C_1 \\ G^{\tilde{C}}(x, t, x', t') & t, t' \in C_2 \end{cases} \tag{2-44}$$

式中，$\tilde{C}$ 为反时序算符，由此可定义时序和反时序格林函数分别为：

$$G^C(x, t; x', t') = -\mathrm{i}\theta(t - t')\langle\psi(x, t)\psi^\dagger(x', t')\rangle + \mathrm{i}\theta(t' - t)\langle\psi^\dagger(x', t')\psi(x, t)\rangle \tag{2-45}$$

$$G^{\tilde{C}} = -\mathrm{i}\theta(t' - t)\langle\psi(x, t)\psi^\dagger(x', t')\rangle + \mathrm{i}\theta(t - t')\langle\psi^\dagger(x', t')\psi(x, t)\rangle \tag{2-46}$$

以及大于和小于格林函数可分别定义为：

$$G^>(x, t; x', t') = -\mathrm{i}\langle\psi(x, t)\psi^\dagger(x', t')\rangle \tag{2-47}$$

$$G^<(x, t; x', t') = \mathrm{i}\langle\psi^\dagger(x', t')\psi(x, t)\rangle \tag{2-48}$$

延迟格林函数以及提前格林函数也可分别表示如下：

$$\begin{aligned} G^R(x, t; x', t') &= -\mathrm{i}\theta(t - t')\langle[\psi(x, t), \psi^\dagger(x', t')]\rangle \\ &= \theta(t - t')[G^>(x, t, x', t') - G^<(x, t, x', t')] \end{aligned} \tag{2-49}$$

$$\begin{aligned} G^A(x, t; x', t') &= -\mathrm{i}\theta(t' - t_1)\langle[\psi(x, t), \psi^\dagger(x', t')]\rangle \\ &= \theta(t' - t_1)[G^>(x, t, x', t') - G^<(x, t, x', t')] \end{aligned} \tag{2-50}$$

以上六个格林函数相互关联，但在处理不同问题时各有所长，比如，G^R 和 G^A 可以很好地获取体系的能谱、态密度以及散射率等物理信息。而 $G^>$ 和 $G^<$ 可以描述体系中粒子的信息。

平衡和非平衡格林函数的区别在于积分路径不同，如果将平衡格林函数的积分路径 $\int_{-\infty}^{+\infty}\mathrm{d}t$ 用闭路积分 $\int_C \mathrm{d}t$ 代替，则围线序格林函数和时间序格林函数具有相同的 Dyson 方程为：

$$G^C(x, t; x', t') = G_0^C(x, t; x', t') +$$

$$\int dx_2 \int dx_3 \int_C dt_2 \int_C dt_3 G_0^C(x, t; x_2, t_2) \Sigma^C(x_2, t_2; x_3, t_3)$$

$$G^C(x_3, t_3; x', t')$$

$$(2\text{-}51)$$

式中，G_0^C 为无相互作用时体系的格林函数，而相互作用项仅在自能 Σ^C 中体现。式（2-51）传达的基本思想是由相互作用时体系的格林函数能够通过无作用时体系的格林函数给出。

再运用 Langreth 定理，将对回路积分变为对实数的积分，可以得到对应于非平衡格林函数的 Keldysh 方程：

$$G^R = G_0^R + G_0^R \Sigma^R G^R$$

$$G^A = G_0^A + G_0^A \Sigma^A G^A$$

$$G^< = (1 + G^R \Sigma^R) G_0^< (1 + G^A \Sigma^A) + G^R \Sigma^< G^A$$

$$G^> = (1 + G^R \Sigma^R) G_0^> (1 + G^A \Sigma^A) + G^R \Sigma^> G^A \qquad (2\text{-}52)$$

$$G^t = (1 + G^R \Sigma^R) G_0^t (1 + G^A \Sigma^A) + G^R \Sigma^t G^A$$

$$G^{\tilde{t}} = (1 + G^R \Sigma^R) G_0^{\tilde{t}} (1 + G^A \Sigma^A) + G^R \Sigma^{\tilde{t}} G^A$$

2.3　非平衡态格林函数在分子器件中的应用

众所周知，体系的所有性质都由其哈密顿量决定。因此，在理论上只要给出体系的哈密顿量，就可以通过求解 Schrödinger 方程求出这个体系的所有性质。但是，除了简单的单体系统，计算任何一个多体系统的性质都包含了许多复杂的问题，因此要精确求解这一问题几乎不可能。而在这方面，格林函数提供了另一个求解体系物理量的途径。特别是非平衡态格林函数可以很好描述一个开放系统的输运性质，近年来得到广泛认可和应用。

通常，模拟计算的分子器件就是一个开放系统，它由两个半无限大电极连接单个分子或多个分子而构成的，如图 2-2 所示。由于电极施加了有限偏压，因此这样的一个开放系统是处于非平衡状态的。要计算此类开放系统的性质，先利用基于密度泛函理论的第一性原理方法计算出中心散射区（耦合区和中心区）基态的电荷密度分布，然后利用 Landauer-Büttiker 近似计算体系的电子输运性质。可见，器件的输运性质不仅与散射区、电极的结构材料有关，还与电极和散射区间的耦合因素有关。

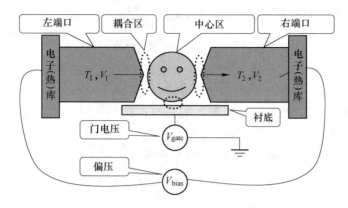

图 2-2 纳米/分子尺度器件结构图

2.3.1 Landauer-Büttiker 公式

Landauer-Büttiker 公式将体系中的电流和电子透射概率联系在一起，在绝对零度下，体系电流可用下式描述：

$$I = \frac{2e}{h}T(\mu_1 - \mu_2) \tag{2-53}$$

式中，T 为透射谱，表征电子通过导体的概率大小；$T = \Sigma\tau_i$，τ_i 表示某一个本征通道的贡献，Σ 代表求和遍及所有的本征通道；μ_1 和 μ_2 分别为体系左右两边的化学势。

体系的电导为：

$$G = \frac{2e^2}{h}T \tag{2-54}$$

因此，如果电子通过体系的透射谱 T 已知，则由以上的式子便可得其电流 I 和电导 G。而体系的透射谱可以通过第一性原理方法准确获得。因此，在计算分子器件中的电流与平衡电导时，这两个公式被广泛运用。本书中透射谱和相关输运性质的计算是采用前述的非平衡格林函数方法进行的。

2.3.2 电流计算公式

在两极系统中，中间分子通常看成一个具体的量子点，体系的哈密顿由三部分构成：

$$\hat{H} = H_{\text{lead}} + H_{\text{dot}} + H_T \tag{2-55}$$

第一项为导线的哈密顿量：

$$H_{\text{lead}} = \sum_{\kappa\alpha} \varepsilon_{\kappa\alpha} \hat{C}^\dagger_{\kappa\alpha} \hat{C}_{\kappa\alpha} \tag{2-56}$$

式中，$\hat{C}_{\kappa\alpha}^{\dagger}$ 为导线 α 中的电子产生算符；$\varepsilon_{\kappa\alpha} = \varepsilon_{\kappa\alpha}^{(0)} + qv_\alpha$；$\varepsilon_{\kappa\alpha}^{(0)}$ 为导线中的能级；v_α 为外加电压。

第二项为孤立量子点的哈密顿量：

$$H_{\text{dot}} = \sum_n (\varepsilon_n + qU_n) d_n^{\dagger} d_n \qquad (2\text{-}57)$$

式中，$d_n^{\dagger}$ 为量子点中的电子数所产生的算符；且 U_n 为量子点内部自洽库仑势。$U_n = \Sigma_m V_{nm} \langle d_m^{\dagger} d_n \rangle$，$V_{nm}$ 为库仑势矩阵元。

第三项为量子点和导线之间的耦合哈密顿量：

$$H_T = \sum_{\kappa\alpha n} [t_{\kappa\alpha n} \hat{C}_{\kappa\alpha}^{\dagger} \hat{d}_n + t_{\kappa\alpha n}^* \hat{d}_n^{\dagger} \hat{C}_{\kappa\alpha}] \qquad (2\text{-}58)$$

式中，$t_{\kappa\alpha n}$ 为导线与量子点的耦合常数。

系统处于非平衡状态下，导线 α 中的电流大小表示为：

$$\hat{I}_\alpha(t) = q \frac{\mathrm{d}\hat{N}_\alpha}{\mathrm{d}t} = -\mathrm{i}q \sum_{\kappa n} t_{\kappa\alpha n} \hat{C}_{\kappa\alpha}^{\dagger}(t) \hat{d}_n(t) + h.c. \qquad (2\text{-}59)$$

$$I_\alpha(t) = -q \sum_{\kappa n} [t_{\kappa\alpha n} C_{n,\kappa\alpha}^{<}(t, t')] + h.c. \qquad (2\text{-}60)$$

式（2-60）中的小于非平衡格林函数 $C_{n,\kappa\alpha}^{<}$ 为：

$$C_{n,\kappa\alpha}^{<} \equiv \mathrm{i} \langle \hat{C}_{\kappa\alpha}^{\dagger}(t') \hat{d}_n(t) \rangle \qquad (2\text{-}61)$$

器件电流的求解需要把定义在围线上的格林函数 $C_{n,\kappa\alpha}^{<}$ 用定义在实时间轴上量子点的格林函数 $C_{nm} \sim \langle d_n^{\dagger} d_m \rangle$ 和导线中的格林函数 $C_{\kappa\alpha} \sim \langle C_{\kappa\alpha}^{\dagger} C_{\kappa\varepsilon} \rangle_0$ 表示出来。1994 年，Jauho 等人[117]得出定义在围线上的格林函数 $G_{n,\kappa\alpha}^{C}$ 在不考虑导线中的电子相互作用的情况下可写为：

$$C_{n,\kappa\alpha}^{c}(t, t') = -\mathrm{i} \langle T_c [d_n(t) C_{\kappa\alpha}^{\dagger}(t')] \rangle = \sum_m \int \mathrm{d}t_1 G_{nm} t_{\kappa m\alpha}^* G_{\kappa\alpha}(t_1, t_{t'})$$

$$(2\text{-}62)$$

其中量子点和导线的格林函数为：

$$C_{nm}^{c}(t_1, t_2) = -\mathrm{i} \langle T_c [d_n(t_1) d_m^{\dagger}(t_2)] \rangle \qquad (2\text{-}63)$$

$$C_{\kappa\alpha}^{c}(t_1, t_2) = -\mathrm{i} \langle T_c [C_{\kappa\alpha}(t_1) C_{\kappa\alpha}^{\dagger}(t_2)] \rangle_0 \qquad (2\text{-}64)$$

上式中 $\langle \cdots \rangle_0$ 是指散射区的量子点和电极无作用，对其求平均：

$$G_{n,\kappa\alpha}^{c}(t, t') = \sum_m \int \mathrm{d}t_1 [G_{nm}^{R}(t, t_1) t_{\kappa m\alpha}^* G_{\kappa\alpha}^{<}(t_1, t') + G_{nm}^{<}(t, t_1) t_{\kappa m\alpha}^* G_{\kappa\alpha}^{A}(t_1, t')]$$

$$(2\text{-}65)$$

其中：

$$G_{\kappa\alpha}^{R}(t, t') = -\mathrm{i}\theta(t - t') \langle C_{\kappa\alpha}(t), C_{\kappa\alpha}^{\dagger}(t') \rangle_0 \qquad (2\text{-}66)$$

$$G_{\kappa\alpha}^{A}(t, t') = \mathrm{i}\theta(t' - t) \langle C_{\kappa\alpha}(t), C_{\kappa\alpha}^{\dagger}(t') \rangle_0 \qquad (2\text{-}67)$$

$$G_{\kappa\alpha}^{>}(t,\ t') = -\,\mathrm{i}\,\langle C_{\kappa\alpha}(t) C_{\kappa\alpha}^{\dagger}(t')\rangle_0 \tag{2-68}$$

$$G_{\kappa\alpha}^{<}(t,\ t') = \mathrm{i}\,\langle C_{\kappa\alpha}^{\dagger}(t') C_{\kappa\alpha}(t)\rangle_0 \tag{2-69}$$

将式 (2-65) 与式 (2-60) 联立求解得:

$$I_{\alpha}(t) = -\,q\!\int\!\mathrm{d}t_1 T_r[\,G^{\gamma}(t,\ t_1)\Sigma_{\alpha}^{<}(t_1,\ t) + G^{<}(t,\ t_1)\Sigma_{\alpha}^{A}(t_1,\ t)\,] + h.c.$$

$$\tag{2-70}$$

式中, G^{γ} 和 Σ^{γ} 分别代表量子点的格林函数和自能, 自能 Σ^{γ} 包含了导线相关作用, 可表示为:

$$\Sigma_{\alpha,\ mn}^{\gamma}(t_1,\ t_2) = \sum_{\kappa} t_{\kappa\alpha m}^{*}(t_1) G_{\kappa\alpha}^{\gamma}(t_1,\ t_2) t_{\kappa\alpha n}(t_2) \tag{2-71}$$

式 (2-70) 既可求直流, 又可求交流电流。当计算直流电流时, $G^{\gamma}(t_1,\ t_{1'})$ $= G^{\gamma}(t_1 - t_{1'})$, $\Sigma^{\gamma}(t_1,\ t_{1'}) = \Sigma^{\gamma}(t_1 - t_{1'})$, 代入式 (2-70) 并对时间作傅里叶变换后可得:

$$I_{\alpha} = -\,e\!\int\!\frac{\mathrm{d}E}{2\pi} T_r\{[\,G^{R}(E) - G^{A}(E)\,]\Sigma_{\alpha}^{<}(E) + G^{<}(E)[\,\Sigma_{\alpha}^{A}(E) - \Sigma_{\alpha}^{R}(E)\,]\}$$

$$\tag{2-72}$$

若再考虑到对于二端导体, 电流 $I = I_{L} + I_{R}$, 并利用关系式:

$$\mathrm{i}(G^{R} - G^{A}) = G^{R}\Gamma G^{A}$$

$$\Gamma = \Gamma_{L} + \Gamma_{R}$$

$$\Gamma_{L}(E) = \mathrm{i}(\Sigma_{L}^{R}(E) - [\Sigma_{L}^{R}(E)]^{\dagger}) \tag{2-73}$$

$$\Gamma_{R}(E) = \mathrm{i}(\Sigma_{R}^{R}(E) - [\Sigma_{R}^{R}(E)]^{\dagger})$$

加之涨落-耗散定理:

$$\Sigma_{L}^{<} = \mathrm{i}f(E - \mu_{L})[\,\mathrm{i}(\Sigma_{L}^{R} - \Sigma_{L}^{L})\,]$$

$$\Sigma_{R}^{<} = \mathrm{i}f(E - \mu_{R})[\,\mathrm{i}(\Sigma_{L}^{R} - \Sigma_{R}^{R})\,] \tag{2-74}$$

可得如下类 Landauer-Büttiker 式子:

$$I = \frac{e}{h}\!\int\!\mathrm{d}E T_r[\,\Gamma_{L}(E) G^{R} \Gamma_{R}(E) G^{A}(E)\,][f(E - \mu_{L}) - f(E - \mu_{R})] \tag{2-75}$$

而 $T(E)$ 为:

$$T(E) = \frac{e}{h} T_r[\,\Gamma_{L}(E) G^{R} \Gamma_{R}(E) G^{A}(E)\,] \tag{2-76}$$

式 (2-45) 中, μ_{L}、μ_{R} 分别代表左、右导线的化学势, 且 $\mu_{L} - \mu_{R} = eV$, V 为外部所加偏压。Γ_{L}、Γ_{R} 则可认为是左、右导线的线宽函数。将式 (2-52) 投影到中心散射区的态空间, 可得到 Dyson 方程:

$$G^{R} = G_{0}^{R} + G_{0}^{R}\Sigma^{R} G^{R} \tag{2-77}$$

以及 Keldysh 方程:

$$G^< = G^R \Sigma^< G^A = G^R (\Sigma_L^< + \Sigma_R^<) G^A \tag{2-78}$$

在器件的理论模拟计算中，非平衡系统中的电荷密度就可以由上式解出。

2.3.3　分子器件中电流的计算

若计算在任意偏压下分子器件的电流，就要知道散射区分子的格林函数和电极对分子的自能。当然如果知道电极和分子的原子结构，就能运用第一性原理方法求出。本工作具体计算模型如图 2-3 所示。

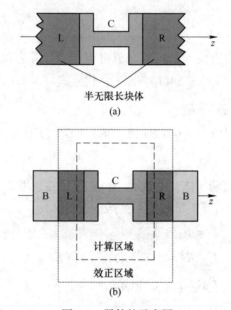

图 2-3　器件的示意图

（a）无限长器件；（b）实际计算中的有限长器件

图 2-3（a）给出了一个典型的由中心散射区（C）连接在左（L）右（R）两个半无限长的块体电极上的 L-C-R 模型。然而，在实际计算中很难处理，因此需做一些简化，如图 2-3（b）所示，仅考虑由部分电极和 C 构成的有限部分，外部电极 B 没有直接参与计算不需要考虑。这样左、右电极与电极体材料具有相同的哈密顿量和电子密度。因此，我们只需要计算有限的 L-C-R 区域的格林函数来得到此区域的电子密度，这部分哈密顿矩阵可以写为：

$$\boldsymbol{H} = \begin{pmatrix} H_L & H_{LC} & 0 \\ H_{CL} & H_C & H_{CR} \\ 0 & H_{RC} & H_R \end{pmatrix} \tag{2-79}$$

式中，H_L、H_R 和 H_C 分别为左电极、右电极以及中心散射区的哈密顿量；$H_{LC(CL)}$（$H_{RC(CR)}$）分别为左（右）电极和中心区域的作用算符。

所考虑有限区域的格林函数及其矩阵表示为：

$$(E^+ S - H)G(E) = I \tag{2-80}$$

$$\begin{bmatrix} H_L & H_{LC} & 0 \\ H_{CL} & H_C & H_{CR} \\ 0 & H_{RC} & H_R \end{bmatrix} \begin{bmatrix} G_L & G_{LC} & G_{LR} \\ G_{CL} & G_C & G_{CR} \\ G_{RL} & G_{RC} & G_R \end{bmatrix} = \begin{bmatrix} I_L & 0 & 0 \\ 0 & I_L & 0 \\ 0 & 0 & I_R \end{bmatrix} \tag{2-81}$$

式中，S 为有限体系的交迭矩阵。

描述散射区域的格林函数可写为：

$$G_C = [H_C - \Sigma_L - \Sigma_R]^{-1} \tag{2-82}$$

式中，$\Sigma_L = H_{CL} G^L H_{LC}$，$\Sigma_R = H_{CR} G^R H_{RC}$ 分别反映左、右电极对散射区作用的自能项，$G^{L/R}$ 是左/右电极的表面格林函数，且 $G^{L/R} = H_{L/R}^{-1}$，电极对散射区的耦合作用项可以由自能计算得到：

$$\Gamma_{L(R)}(E) = i(\Sigma_{L(R)}(E) - [\Sigma_{L(R)}(E)]^\dagger)/2 \tag{2-83}$$

根据 Keldysh 方程可得：

$$\begin{aligned} G^<(E) &= G^R(\Sigma_L^< + \Sigma_R^<)G^A \\ &= G^R(E)[i\Gamma_L(E)f(E - \mu_L) + i\Gamma_R(E)f(E - \mu_R)]G^A(E) \\ &= -2i\mathrm{Im}[G^r(E)]f(E - \mu_L) + \\ &\quad iG^R(E)\Gamma_R(E)G^A(E)[f(E - \mu_R) - f(E - \mu_L)] \end{aligned} \tag{2-84}$$

进而得到体系的电荷密度：

$$\begin{aligned} \boldsymbol{\rho} &= \frac{1}{2\pi i}\int_{-\infty}^{+\infty} \mathrm{d}E G^<(E) = \boldsymbol{\rho}_1 + \boldsymbol{\rho}_2 \\ &= -\frac{1}{\pi}\mathrm{Im}\Big[\int_{-\infty}^{+\infty} \mathrm{d}E G^R(E)f(E - \mu_L)\Big] + \\ &\quad \frac{1}{2\pi}\int_{-\infty}^{+\infty} \mathrm{d}E G^R(E)\Gamma_R(E)G^A(E)[f(E - \mu_R) - f(E - \mu_L)] \end{aligned} \tag{2-85}$$

式中，$\boldsymbol{\rho}_1$ 和 $\boldsymbol{\rho}_2$ 分别为平衡态和非平衡态电荷密度矩阵；μ_L、μ_R 为左右电极的化学势，两者之差就是所加电压。在求解密度的时候，对于平衡部分，直接沿实能量轴积分的过程中，由于态密度存在很多奇点，将出现很大振荡而使积分很难以收敛。为解决这个问题，通常运用复平面积分的方法，如图 2-4 所示，复平面积分曲线，闭合回路包括 $L(+\infty+i\Delta; E_F-\gamma+i\Delta)$，$C$ 和 $[EB+i\delta; \infty+i\delta]$ 三部分，黑点是费米函数的一些极点。这个积分含三部分：高于实能量轴从 $+\infty$ 到 $E_F-\gamma$ 的直线 L，从 $E_F-\gamma$ 开始到 EB 的半个圆弧 C，以及沿着实轴从 $EB+i\delta$ 到 $\infty+i\delta$ 的直线 EB，EB 积分并不需要从 $-\infty$ 开始，而只要从某个比 H 的本征值还低的能量 EB 开始就可以了，因为在这个能量以下没有态，此回路积分表示为：

$$\int_{EB}^{+\infty} dEG^{R}(E)f(E - \mu_{L}) = - \int_{C+L} dEG^{R}(E)f(E - \mu_{L}) - 2\pi i\kappa T \sum_{E_{v}} G^{R}(E_{v})$$

$$(2-86)$$

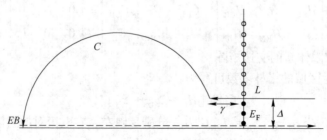

图 2-4　复平面积分曲线

则平衡部分的电荷密度为:

$$\rho = - \frac{1}{\pi} \mathrm{Im} \Big[\int_{EB}^{+\infty} dEG^{R}(E)f(E - \mu_{L}) \Big]$$

$$= - \frac{1}{\pi} \mathrm{Im} \Big[- \int_{C+L} dEG^{R}(E)f(E - \mu_{L}) - 2\pi i\kappa T \sum_{E_{v}} G^{R}(E_{v}) \Big]$$

$$(2-87)$$

对非平衡部分的电荷密度 ρ_{2},利用高斯积分法可方便获得。采用非平衡格林函数方法分析器件输运特性的流程为:首先选择一个合适的基函数,输运一个哈密顿量(H_{in});待求出中心散射区的格林函数后,依表面格林函数获得自能现及 Lesser 自能;根据 Keldysh 方程求出电荷密度矩阵,得到输出哈密度量(H_{out});若体系已收敛,则计算电流和传输系数等物理量,否则将 H_{out} 作为一个新的输入哈密顿量,进入新一轮的重新计算,直至体系收敛。收敛后体系的电流可由公式得到:

$$I(V) = G_{0} \int_{-\infty}^{+\infty} dE[f(E - \mu_{L}) - f(E - \mu_{R})] \times$$

$$T_{r}[\Gamma_{L}(E)G_{C}^{\dagger}(E)\Gamma_{R}(E)G_{C}(E)]$$

$$(2-88)$$

其中, $G_{0} = 2e^{2}/h$,电子从左电极到右电极的透射概率:

$$T(E) = [\Gamma_{R}(E)]^{1/2}G_{C}(E)[\Gamma_{L}(E)]^{1/2} \qquad (2-89)$$

由公式可给出体系的电导为:

$$G(V) = \frac{G_{0}}{V} \int_{-\infty}^{+\infty} dE[f(E - \mu_{L}) - f(E - \mu_{R})]T_{r}[t^{\dagger}t](E) \qquad (2-90)$$

2.4　计算软件介绍

Atomistix ToolKit(ATK)软件包是一个比较强大的量子化学模拟软件[118],

它的前身是由 Jeremy Talor 和 Hong Guo 等人采用 C（C++）语言在 TranSIESTA-C 的基础上重新改写，并在其他一些软件，如 McDCal、SIESTA 和 TranSIESTA 的基础上做了改进，目前已成为量子化学计算领域中的一款公认度较高的商业软件，它的功能还在不断地增加改进中。它不仅可以模拟周期性纳米结构体系的电学性质，而且也可模拟非周期的两极体系的电子输运性质。该软件的理论依据包括基于密度泛函理论的第一性原理，同时在器件处理部分还要加入非平衡格林函数方法。因此器件在外置偏压下，体系的非平衡态输运性质可以很好地用非平衡格林函数方法来处理。同时，它能处理纳米器件中的两个电极具有不同化学势时的情况，能计算分子器件在外置偏压下的电流、输运系数、态密度、电压降、投影自洽哈密顿量本征值及本征态、输运通道的本征值和本征态等基本的电子输运性质，且能够计算模拟器件磁性和自旋输运等考虑了电子自旋极化后的自旋电子输运性质。除此之外，ATK 也能进行传统的电子结构计算，处理孤立的分子体系和具有周期性的体系。另外，ATK 采用 Python 语言编写，易于理解和使用，具备较强的可读性，并且用户还可以根据自身需要自定义功能脚本。同时，ATK 还提供了便于操作的图形界面操作环境 Virtual NanoLab（VNL），可以可视化操作对纳米器件在原子尺度模拟的建模、计算和数据分析，为纳米级别的器件设计、计算与结果的汇总分析等提供了一个非常方便的"虚拟的实验平台"。

它具有较强的功能，其中 VNL 的计算引擎是内嵌的 ATK。VNL 中的操作流程与真实实验中的情况类似，它为用户提供了多种工具并通过原子尺度模拟来轻松建立：构造纳米器件的原子几何结构、模拟器件的电子结构和电学性质。

ATK 的计算模块还包含了 ATK-SE、ATK-classical 等。尤其是将半经验计算和非平衡态输运理论结合的 ATK-SE 模块已经被科研工作者普遍采用。与传统的 ATO-DFT 计算方法相比，ATK-SE 不仅能够保证较高的计算精度，而且还能够在大尺度体系的计算中保持较高的计算速度，所以该方法可以实现与实验效果更接近的理论模拟结果。

3 分子器件自旋极化输运的性质与调控

3.1 分子器件自旋注入与自旋输运的研究

电子具有两个重要的内禀属性，即电荷和自旋。有机材料与无机材料相比，有机材料具有弱的自旋-轨道耦合和超精细相互作用，其载流子的自旋弛豫时间较长，能够较好地实现自旋极化输运。同时，有机材料具有体积小、重量轻、成本低、非易失性、功耗小等诸多优点，从而成为新型自旋器件的最佳候选材料[119]。自 2002 年，Dediu 等人[33] 首次报道室温下，采用巨磁阻材料 La$_{0.7}$Sr$_{0.3}$MnO$_3$(LSMO) 作为极化电子给体，六噻吩聚合物作为有机层，成功地在有机半导体中实现了自旋注入和输运以来，利用单分子构建分子器件成为纳米领域的一个热门课题[120, 121]。近年来，在实验上，成功地利用有机单分子构建各种自旋功能器件，如有机自旋电子阀[122~126]、有机自旋电致发光器件[53, 54]、有机磁阻器件[127,128]等。然而，要很好地实现自旋功能器件的功能，最主要的是在纳米尺度实现高自旋极化电流，在这方面也取得了巨大的进步，例如，2010 年，Dali Sun 等人[39] 通过在有机层上沉淀一层磁性纳米点材料来代替磁性原子，以降低表面间接触的负面效应。其研究的有机自旋阀 Co/BLAG/Alq$_3$/LSMO 巨磁阻高达 300%。2012 年，An 等人[129] 将单分子 Mn(dmit)$_2$ 连接在两半限长的金电极上，通过第一性原理计算表明其自旋极化率可高达 82%。

尽管在实验和理论认识上对有机自旋注入效率及机理都有了很大的进步，但对自旋的注入机理及自旋传输的过程目前还不是十分清楚。因此，本书以四聚噻吩为研究对象，将其连接在两个半无限长的磁性电极之间构成分子结，考察在平行和反平行自旋注入下，分子器件的自旋注入效率和输运过程，为深入理解有机自旋器件的电荷输运机理提供理论帮助。

3.1.1 计算模型和方法

计算模型如图 3-1 所示，建立了三明治结构：电极—分子—电极，选用 Ni 作为金属电极，考虑到分子与电极相互作用的局域性等因素[130, 131]，选用 3×3 的 Ni(001)[119] 面模拟半无限大电极与分子间的相互作用。Ni 与 Ni 之间的距离固定为 Ni 的晶格常数 0.249nm，自由分子的 S 原子处于 3 个 Ni 原子组成的正三角中心上方，通过 S 原子化学吸附在一起组成扩展分子，改变 S 原子与 Ni 表面之间的距离，当系统的总能量达到最低时即为电极稳定距离，整个体系可以分成三个部分，即左电极区域、中心区域和右电极区域。其中心区域由分子和四层 Ni 原子组成，在中心区域中，与分子连接的两层 Ni(001) 面与左右电极采用相同的模型，用相同的参数进行描述，研究电极磁性方向平行和反平行时对体系输运性质的影响。

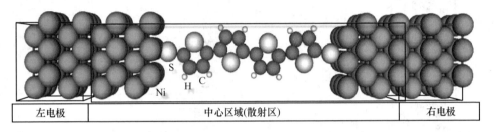

图 3-1　四聚噻吩连接在 Ni 电极的 (001) 面的结构图

计算采用基于密度泛函理论（DFT）和非平衡格林函数（NEGF）[132]的计算程序包 ATK（Atomistix Toolkit）完成的，有机分子和 Ni 电极都选 SZP 为基矢，内层电子用 Troullier-Martins 赝势[133]，截断能量 mesh cut-off 取 300Ry，电子交换关联势为局域密度近似（LDA）。

3.1.2　结果分析及讨论

根据 Mott 等人[73]建立的自旋注入的"二流体"理论模型，为研究磁性电极的磁向对四聚噻吩输运性质的影响，分别计算了电极磁性平行和反平行时的电流及其自旋注入的效率，如图 3-2 所示。从图 3-2 可知，无论平行还是反平行时，电流呈非线性的变化且均产生了自旋极化。在正偏压下，自旋向下的电流均大于自旋向上的电流。而在负偏压下，平行时自旋向下的电流大于自旋向上的电流，在反平行时则相反。但在小于−1.2V 偏压时，反平行时自旋向下的电流出现了大于自旋向上的电流。导致这种现象的出现可能是由于高偏压下，电子的隧穿效应增强及自旋向上和自旋向下的通道受电压影响的敏锐度不同。这从图 3-2（a）和（b）可以发现，在高偏压时，自旋向上和向下的电流越来越接近，并且有相互交叉的趋势。可见在高偏压下，自旋向上和向下的输运通道的差异在变小。

为分析自旋注入的效率，按自旋注入公式（3-1），分别计算平行和反平行下自旋注入的效率，结果如图 3-2 中（b）和（d）所示。从总体上讲，自旋注入系数随着偏压变化而变化，平行时的自旋注入系数大于反平行时的自旋注入系数，总体上呈现先增后减的趋势，即存在最佳注入偏压，此时自旋注入系数最高。对本研究而言自旋注入系数最大约为 0.4V，最高可达 35%。此外，按公式（3-2）

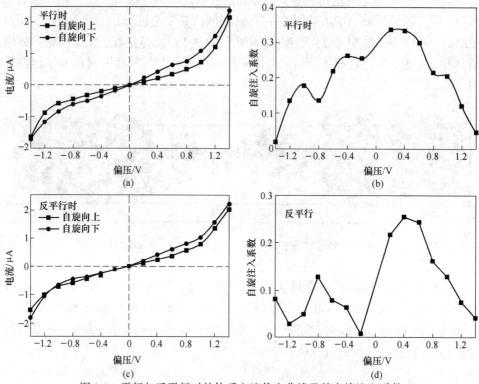

图 3-2　平行与反平行时的体系电流伏安曲线及其自旋注入系数

(a) 平行时自旋向上和向下的电流；(b) 平行时自旋注入系数；

(c) 反平行时自旋向上和向下的电流；(d) 反平行时自旋注入系数

计算出磁阻率，如图 3-3 所示，总的磁阻率随着偏压在 ±5% 之间振荡。而实际上自旋向上和自旋向下的磁阻率可以超过此值，并且在此偏压范围内具有一定的对称性。

$$h = \frac{I_{\text{spin up}} - I_{\text{spin down}}}{I_{\text{spin up}} + I_{\text{spin down}}} \tag{3-1}$$

$$R_{\text{MR}}^{\uparrow} = \frac{I_{\text{PA}}^{\uparrow} - I_{\text{AA}}^{\uparrow}}{I_{\text{AA}}^{\uparrow} + I_{\text{AA}}^{\downarrow}} \quad \text{或} \quad R_{\text{MR}}^{\downarrow} = \frac{I_{\text{PA}}^{\downarrow} - I_{\text{AA}}^{\downarrow}}{I_{\text{AA}}^{\uparrow} + I_{\text{AA}}^{\downarrow}} \tag{3-2}$$

$$R_{\text{MR}}^{\text{Total}} = R_{\text{MR}}^{\uparrow} + R_{\text{MR}}^{\downarrow}$$

为了更加清楚地了解自旋极化电流产生的原因，分别计算了两种情况下零偏时的态密度，如图 3-4 所示。从图中可知，平行和反平行的态密度不同，在反平行时，态密度具有一定的对称性，但自旋向下的峰值略大于自旋向上的峰值。而平行时，在费米面附近只有自旋向下的峰，这样会导致自旋向下的电子比自旋向上的电子更容易隧穿。由此可知，对于此体系平行时具有一定的自旋过滤的作

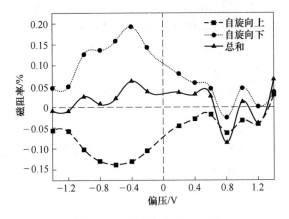

图 3-3 磁阻率与偏压的关系

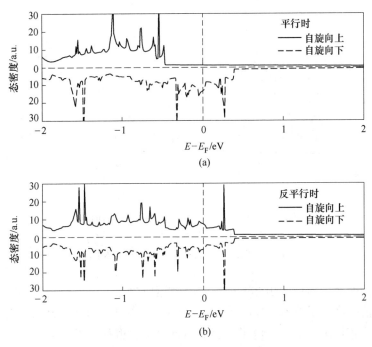

图 3-4 平行和反平行时零偏压下的态密度

（a）平行时的态密度；（b）反平行时的态密度

用，而反平行时应不具有或者自旋过滤的作用不明显，但这与上面电流分析的结果不符。进一步分析零偏压下的透射谱，如图 3-5 所示，由透射谱与态密度相比较可知，两者之间不存在一一对应的关系，无论是平行还是反平行时，在费米面附近的透射系数都非常小，导致这种现象可能是由电极和分子的前线分子轨道不匹配所致。而体系的电子最终输运性质是由体系的透射谱决定，为此对-0.5~0.5eV的透射谱进行了放大，如图3-5中放大图所示。可见，在费米面附近透射谱都不同，相比反平行，平行时自旋向上和向下的透射谱相差更大，这可能是导致平行时的自旋注入系数大于反平行时的自旋注入系数的原因。同时可以发现，在费米面以下，两种情况下自旋向下的透射峰大于自旋向上，可见，自旋向下的通道受电压的敏感程度大于自旋向上的通道。

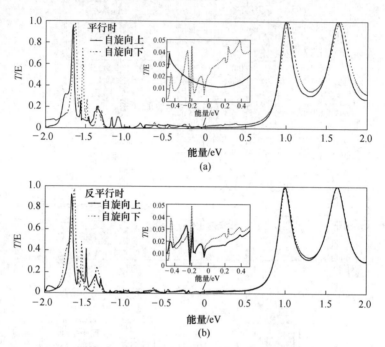

图3-5 平行和反平行时零偏压下的透射谱
(插图分别为透射谱在 [-0.5, 0.5] 区域的放大图)
(a) 平行时的透射谱；(b) 反平行时的透射谱

电子的输运性质一般由体系前线分子轨道所决定，进一步分析两种情况下分子投影自洽哈密顿量（MPSH），结果如图3-6和图3-7所示。MPSH表示的是电荷密度的分布情况，决定了电子是否能通过分子轨道从电极一端向另一端散射的强度。从图3-6中可知，平行时的自旋向上和向下的HOMO轨道上，电荷都出现了局域现象，特别是对于自旋向上的HOMO轨道，而在LUMO轨道上均具有较好的扩展性。可见对于平行时，自旋输运的主要通道是LUMO。而在反平行时，如图3-7所示，自旋向上和自旋向下的HOMO轨道上，电荷完全局域在Ni原子上，而在LUMO轨道上具有较好的扩展性。可见对于反平行时，自旋输运主要通道是LUMO。由此可知，对于此体系主要输运通道为LUMO。

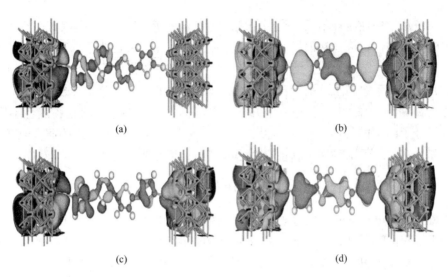

图 3-6 零偏压下平行时分子的 MPSH

（a）平行时自旋向上的 HOMO；（b）平行时自旋向上的 LUMO；
（c）平行时自旋向下的 HOMO；（d）平行时自旋向下的 LUMO

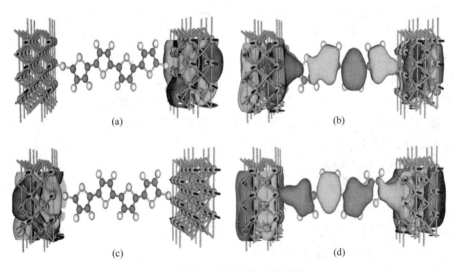

图 3-7 在零偏压下反平行时分子的 MPSH

（a）反平行时自旋向上的 HOMO；（b）反平行时自旋向上的 LUMO；
（c）反平行时自旋向下的 HOMO；（d）反平行时自旋向下的 LUMO

3.1.3 研究结论

本节从第一性原理出发，利用密度泛函和非平衡格林函数理论方法，计算了四聚噻吩与磁性电极连接而成的分子结体系，研究在电极磁性平行和反平行时的自旋输运性质，结果表明：无论平行还是反平行，电流都发生了自旋极化，平行时的自旋注入系数高于反平行，最高能达到35%左右。对此分子结自旋输运性质起主要贡献的是 LUMO，正是由于 LUMO 在不同自旋构型下的轨道扩展性不同，导致了分子结不同的电荷输运强度，从而出现自旋过滤现象，这些研究结果表明，四聚噻吩分子结可用于制备有效的有机自旋阀器件。

3.2 锚定基团对自旋极化输运的影响

分子自旋电子器件是以分子作为自旋输运的载体，并且最有望取代硅基材料成为下一代电子器件，随着分子电子器件的性能和功能进一步的得到改善和提高，近年来，吸引了广大研究者的兴趣和关注[134,135]。在这个领域里，单分子磁体[136,137]（single-molecule-magnets）因其具有众多特殊磁特性，如自旋弛豫时间较长[138]、自旋相干时间长[139]、量子隧道磁化效应[140]、贝里相位干涉[141]等，被认为是一种非常具有应用前景的自旋材料。近些年来，科学家为弄清这些磁特性背后丰富的物理机制，在实验和理论上已对单分子磁体的自旋输运特性进行了深入的研究，并且发现了很多有趣的物理现象，如自旋过滤效应[142]、复杂的隧穿效应、负微分电阻（NDR）[143]、电控磁开关[144]、量子隧穿引起的近藤效应[145]，以及隧穿磁电阻效应[146]。这些结果表明，单分子磁体可以通过操作其分子的结构、加外场、改变电极与分子接触环境和方式来设计具有特定功能的自旋电子器件。特别是在改变电极与分子接触的环境和方式方面，科学家也开展了很多有意义的工作。例如，Wu 等人[147]研究夹在磁性镍电极中间的一维线性分子链（CpFeCpV）$_n$的自旋输运特性，研究结果表明，可以通过选择接触原子的不同来操作自旋过滤效率；Hao 等人[148]通过改变电极与分子的接触距离，观察到强自旋滤效应和近藤效应。

自从首个含过渡金属配合物的分子(TTF)[Ni(dmit)$_2$]$_2$(TTF = tetrathiafulvalene，dmit = 1,3-dithiole-2-thione-4,5-dithiolate)[149]发现后，由于 Ni(dmit)$_2$分子具有完全共轭和平面的结构及特有电性能，被应用于制备单分子磁电子器件。例如，Hazama 等人[150]研究表明 Me-3,5-DIP[Ni(dmit)$_2$]$_2$的电子态是二维的，且局域的自旋电子与同向的电子具有很强自旋相互交换作用。同时，2010 年，An 等人[129]将 Mn(dmit)$_2$分子连接到两个半无限 Au 电极上，结果表明体系可以获得高达82%的自旋过滤效率。

可见分子与电极之间的接触细节会巨大的影响自旋电子输运的性质[151~153]，这是由于有机分子与无机固体电极之间的耦合作用会影响单分子磁器件的功能和性能[154~156]。很多实验发现连接电极与分子之间的锚定基团不同对自旋极化输运的影响巨大[157,158]，因此如何选择锚定基团是一个很重要的问题。众所周知，实验上证实硫与金能够较好地连接，硫作为锚固基团已被广泛接收和应用[159,160]。此外，还有许多有机或无机锚定基团也被选择用于分子器件电子输运性质的研究[161,162]。特别是过渡金属原子（钴、铁、锰、镍等）作为锚定原子吸附在金表面上，可以观察到一些有趣的自旋输运现象。例如，Sen 等人[163]研究了用钴作为金电极与苯分子之间的锚定基团，发现了依赖于偏压的巨自旋过滤现象。Yi 等人[164]应用第一性原理模拟了由交替的镍原子和环戊二烯基环组成有机金属多层团簇的量子输运，表明自旋极化输运决定于分子与电极的耦合作用。虽然通过选择锚定基团可以观察到很多自旋输运的现象，但是单磁分子与锚定基团和电极之间的耦合作用的内在物理机制尚未很好地理解。因此，为了更加深入和全面地理解锚定基团对单分子磁器件自旋输运的影响，本书研究了将 Ni(dmit)$_2$ 分子通过磁性锚定基团（镍、锰）和非磁性锚定基团（硫）连接到两个半无限长的金电极上，并且发现许多有趣的现象，如高自旋过滤效率、整流效应和负微分电阻效应。研究结果为进一步理解锚定基团对自旋极化输运性质的影响提供帮助。

3.2.1 计算模型的构建

为更好地比较锚定基团对纳米器件电子输运性质的不同影响，分别选择了 (S, S)、(S, Ni)、(S, Mn) 和（Ni, Mn）四种锚定原子作为 Ni(dmit)$_2$ 分子连接到两个半无限长的（3×3）金电极之间。计算分子器件的几何结构模型如图 3-8 所示，通常，锚定基团有三种位置连接到金电极表面，即空位、键位和顶位[165~167]。采用最小总能的计算和优化，得到锚定原子耦合在金电极（111）表面最近邻三个金原子的空位上时总能最小[168]。此分子器件可以分为三部分：左电极、右电极和中间散射区。为使中间散射区可以与左右电极形成一个整体，屏蔽中间散射区与电极之间电荷转移的影响，中间散射区包含了左右两边两层金电极的原子，从而建立起一个以金电极费米能级为标准的统一的费米能级。随后，固定了两个电极的原子坐标对整个分子系统进行了严格的优化从而得到了一个最为合理和最为稳定的结构。

研究过程中，采用 Quasi Newton 算法优化所有结构至每个原子上的作用力小于 0.5eV/nm。价电子轨道的基函数选为精度较高的 SZP（single zeta polarized）。在数值计算中，交换关联泛函采取 Perdew-Burke-Ernzerhof（PBE）形式的广义梯度近似（generalized gradient approximation，GGA）[111]。自洽计算能量收敛标准

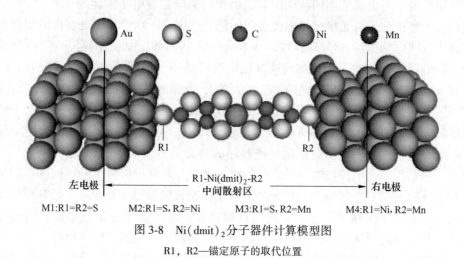

图 3-8   Ni(dmit)$_2$ 分子器件计算模型图

R1, R2—锚定原子的取代位置

为 $4×10^{-5}$eV，实空间格子截断能（the cutoff energy）为 200Ry，布里渊区 K(the K-point grid) 点网格取样为 3×3×300。

3.2.2   计算结果分析与讨论

首先为更直观显示不同锚定原子对体系自旋输运性质的影响，我们给出了在 [−1.0V，1.0V] 偏压范围内所有体系的自旋极化电流的变化 *I-V* 曲线，如图 3-9 (a)~(d) 所示。从图中可以看出自旋输运特性明显地依赖于与电极耦合作用的锚定原子。对于非磁性锚定基团（S，S），如图 3-9 (a) 所示，自旋向上和自旋向下的电流是简并的，且具有高度的对称性，电流在正负偏压绝对值的大小基本相等。而对于非磁性锚定基团，自旋向上和自旋向下的电流不再简并，在某些偏压范围内，产生了巨大的自旋分裂现象。需要指出的是，对于 M2 体系，自旋向下的电流在正负偏压下不再对称，在较小偏压时，自旋向上的电流大于自旋向下的电流，而在大偏压下，正好相反，并且在负偏压区具有显著的自旋分裂现象，而对于含 Mn 锚定原子 M3、M4 体系，在负偏压区自旋向上和自旋向下的电流均被抑制，而在正偏压区只有自旋向上的电流被抑制，自旋向下的电流表现出单向导电的特性，同时导致了在正偏压区具有较大自旋分裂。

为了更清楚地描述这种自旋分裂现象，计算了它们的自旋过滤效率（spin-filter efficiency，SFE），SFE 采用定义：

$$SEF = \left| \frac{I_\uparrow - I_\downarrow}{I_\uparrow + I_\downarrow} \right| \tag{3-3}$$

图 3-9 (e) 给出了 M1~M4 四体系的自旋过滤效率，从图中可知，对于 M1 体系，由于自旋向上和自旋向下的电流是简并的，在整个偏压范围内自旋过滤效

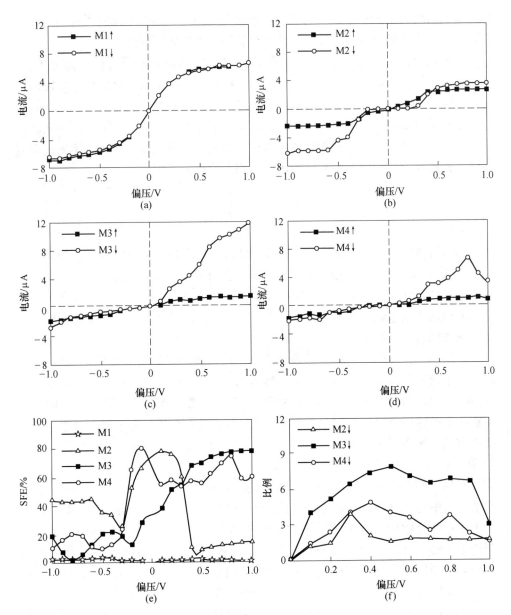

图 3-9　M1~M4 的自旋伏安特性曲线（a）~（d），
自旋过滤效率（e），自旋整流比（f）

率几乎为零。然而，对于 M2 体系，在 [−0.2V，0.2V] 偏压范围内自旋过滤效率平均高达 75%，虽然在 [0.2V，1.0V] 偏压范围内自旋过滤效率较低（小于 10%），但是在 [−1.0V，−0.2V] 偏压范围内可以保持在 45% 以上。此外，对于 M3 和 M4 体系来说，尽管在负偏压范围内自旋过滤效率只有 20%，但是在正偏压范围内均大于50%。因此可见，自旋极化电流可以通过不同的磁性锚定原子来控制，这为实验设计自旋过滤器件和自旋阀器件提供了理论方法。

与此同时，由于Ni(dmit)$_2$分子两边通过不同的锚定原子连接在金电极上，这会造成几何结构的不对称性，而这种不对称性有可能引起正负偏压下电流的不对称。而图3-9（b）~（d）正显示了M2、M3和M4电流左右的非对称性，特别是对于体系自旋向下的电流，由于仅仅在正或负偏压上电流急剧增加，从而表现出较大的整流效应。为更清晰地体现这种整流效应，研究了M2~M4体系自旋向下电流的整流比，如图3-9（f）所示。采用整流比公式为：

$$R(V) = \frac{|I(\pm V)_{max}|}{|I(\pm V)_{min}|} \tag{3-4}$$

从图3-9（f）可知，M2、M3和M4体系最大的整流比分别为3.9、7.9、4.9，并且在整个偏差范围内，三个体系的整流比总是$R(M3)>R(M4)>R(M2)$。可见，Ni(dmit)$_2$分子左右的锚定原子的不同，会引起整流效应。这是由于分子与电极不对称的接触会引起费米面不对称的偏移，当外压偏压时，分子的费米能级也会随着电极的费米能级发生偏移[169]，这就导致正负偏压下分子与左右电极之间的界面处耦合程度会不同。

众所周知，零偏压下的输运谱对理解这种有趣的自旋输运特性是非常重要，因此，本研究计算了零偏压下的电子输运谱。图3-10（a）~（d）分别给出M1~M4体系自旋输运系数谱线。从图中可以看到，在费米面附近，对于自旋向上和自旋向下的输运系数谱线均存两个尖的透射峰，这两个透射峰来源于对输运做主要贡献的前线分子轨道中最高占据分子轨道（HOMO）和最低未占据分子轨道（LUMO）。对于M1体系，在整个能量范围内，自旋向上和自旋向下的输运谱线完全对称，即自旋向上和自旋向下的电子是简并的。而对于M2~M4体系，在整个能量范围内，自旋向上和自旋向下的输运谱线不再对称，自旋向上和自旋向下的HOMO和LUMO的位置发生了相对的移动，在费米面附近自旋向上的两个透射峰HOMO和LUMO变尖变小被强烈抑制，表明自旋向上的电子与电极耦合作用变弱。而对于自旋向下的两个透射峰HOMO和LUMO，除M2体系外，虽然LUMO被抑制，甚至HOMO也稍稍地被抑制，但是透射峰LUMO相比M1体系更靠近费米面，这为自旋向下的电子提供了更多的输运通道。对于M2体系，自旋向下电子的HOMO和LUMO完全被抑制。因此，由于自旋向上和自旋向下的HOMO和LUMO峰的相对移动和削弱，是导致图3-9（b）~（d）中电流自旋分裂的原因。

在理论研究中，通常都会选择有着完美表面的金纳米线作为电极，但实验上却很难制得完美的金表面，绝大多数情况下都存在缺陷，如完美金表面吸附了一个金原子，而这都会对分子器件的电子输运造成影响[170]。因此，本书构建了一个新模型，如图 3-11（a）所示，在金表面的空位上再吸附一个金原子，然后锚定原子通过此金原子连接到金电极上。同样计算了其在零偏压下的电子输运谱，如图 3-11（b）所示。与图 3-10 相比可知，对于非磁性锚定基团（S，S），自旋向上和自旋向下的电流仍然是自旋简并的，而对于其他磁性锚定基团，自旋向上和自旋向下的电流为非简并的。并且，不完美的金电极表面系统主要输运性质与完美的金电极表面输运性质基本一致，仅仅是有些透射峰的大小和宽窄会有不同，或者峰的位置发生一点点偏移。这表明，不完美的电极表面可以削弱自旋电子输运，这与之前的报道结果相符[155]。由此可见，此分子系统的自旋相关输运主要由锚定基团决定，金电极的表面影响较小。

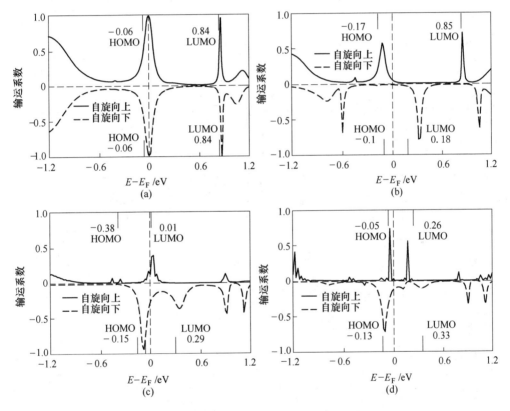

图 3-10　器件在零偏压下的自旋输运谱线

（a）M1 体系；（b）M2 体系；（c）M3 体系；（d）M4 体系

电子透射系数的大小与分子前线轨道息息相关，尤其是分子轨道 HOMO 和 LUMO 的空间分布，对分子与电极的耦合程度及电子在分子中的遂穿起着重要的作用。而对于分子体系的轨道分布，可以通过计算得到了分子投影自洽哈密顿量（MPSH）[171]对应的轨道分布来分析。MPSH 是在 Kohn-Sham 方程自洽后，得到

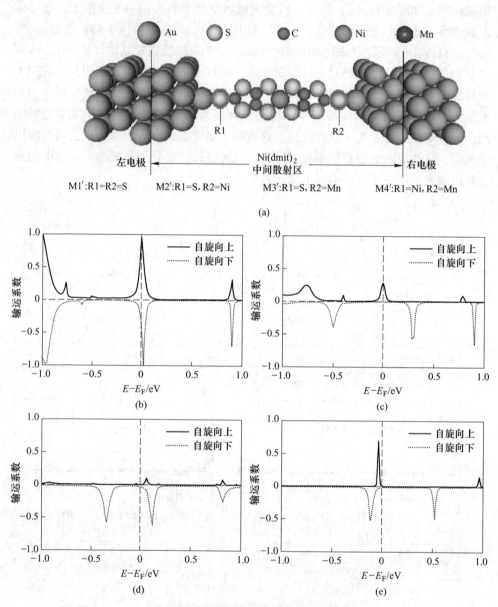

图 3-11　Ni(dmit)$_2$分子器件计算模型图及零偏压下的自旋输运谱线

(a) 分子模型 (R1 和 R2 为锚定原子的取代位置);

(b) M1′体系; (c) M2′体系; (d) M3′体系; (e) M4′体系

一个自洽 Kohn-Sham 有效势和哈密顿矩阵元。然后, 对将分子中原子轨道相关的哈密顿进行对角化而得到, 由于这些哈密顿矩阵元是在有电极和偏压的情况下获得, 因此考虑了分子与电极的耦合。因此, 图 3-12 给出了在平衡态下, 体系

M1~M4 自旋电子在 HOMO 和 LUMO 轨道上的 MPSH。可以看出，对于 M1 和 M4 体系，自旋向上和自旋向下的 HOMO 和 LUMO 都具有一定的扩展性，这导致了图 3-10（a）和（d）中透射峰的产生。对于 M2 体系，自旋向上的 HOMO 和 LUMO 均具有一定的扩展性，但自旋向下的 HOMO 和 LUMO 完全局域在分子的右边部分，也就是说，分子轨道与右电极有更多的重叠，这也与图 3-10（b）中的透射峰对应。而对 M3 体系，自旋向上的 LUMO 与自旋向下的 HOMO 和 LUMO 均具有一定的扩展性，而自旋向上的 HOMO 是完全局域在 Ni 原子上，这与图 3-10（c）中自旋向上的 HOMO 峰被抑制相符。可见，除 M1 外，分子轨道在空间分布具有不对称性，这也是导致整流效应的内在原因。

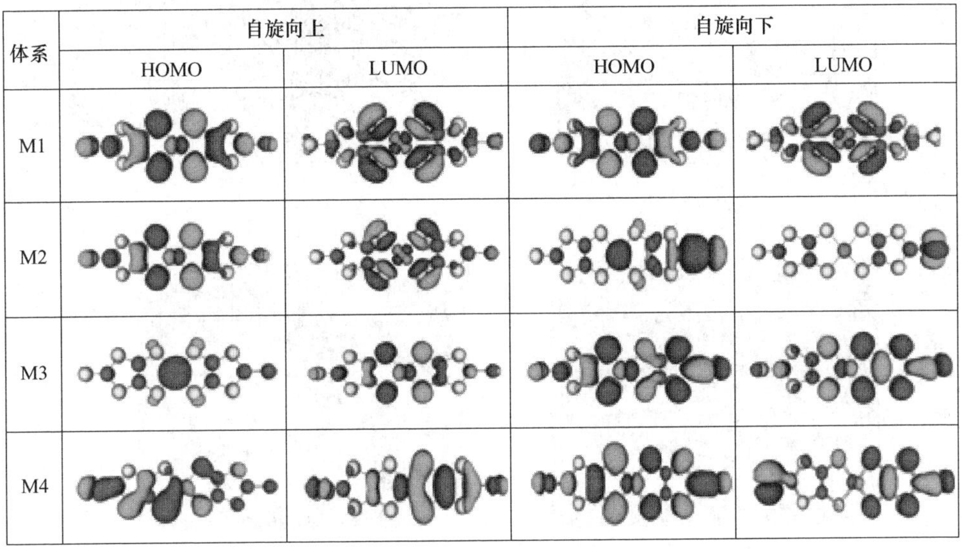

图 3-12 零偏压下的自旋向上和自旋向下 HOMO 和 LUMO 的 MPSH 图

为更全面地了解在各偏压下自旋输运的特性，图 3-13（a）~（f）分别给出 M2~M4 体系在 [−1.0V, 1.0V] 偏压范围内的所有输运系数的三维图，其横坐标表示偏压，纵坐标表示能量。其中偏压窗口为由白实线交叉形成的左右三角形区域，不同颜色代表不同的输运系数范围。从图 3-13 中可以看出，在高偏压区，自旋向下的透射系数总是比自旋向上的透射系数要大。特别是对于 M3 体系，在正偏压窗口下，自旋向下的透射系数要远远大于自旋向上的透射系数，这是导致 M3 的整流比要大于 M2 和 M4。

此外，在图 3-9（d）中还出现了自旋向下的电流随偏压增大而减小的负微分电阻现象。为清楚地理解这一现象，图 3-14 中给出了 M4 体系自旋向下电子在偏压为 0.8V 和 1.0V 时的输运谱线。从图中可以看到，偏压为 0.8V 时，在积分窗口内主要有 HOMO-1 和 HOMO 在对电荷输运做贡献。随着偏压的增加到 1.0V，分子轨道 HOMO-1、HOMO 和 LUMO 均稍稍向左平移，虽然 LUMO 进入偏压窗口内，但是透射峰 HOMO-1 和 HOMO 变锐变小，导致有效积分面积相比 0.8V 时变小了。根据非线性电流由公式可知，电流值的大小是由输运系数在偏压窗口里的有效积分面积决定的，因此，虽然偏压增加了，但电流减小，即负微分电阻的出现。

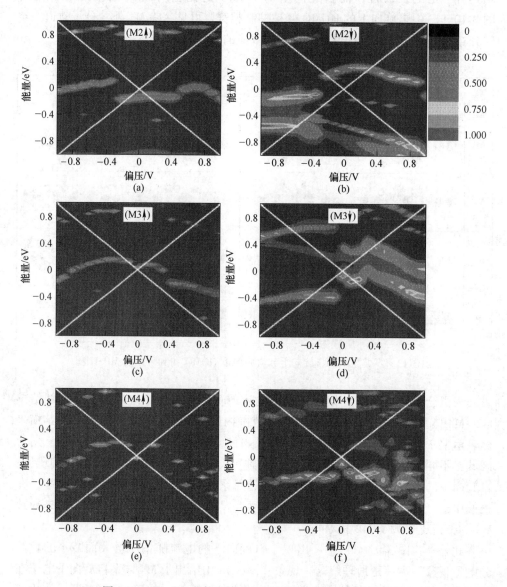

图 3-13   M2~M4 器件自旋向上和自旋向下的三维透射谱图

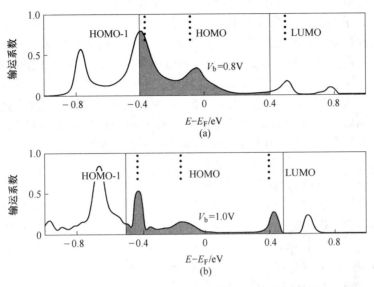

图 3-14 M4 器件在特定偏压下自旋向下的透射系数

(a) 0.8V；(b) 1.0V

3.2.3 研究结论

本节模拟了 $Ni(dmit)_2$ 分子通过（S，S）、（S，Ni）、（S，Mn）和（Ni，Mn）四种锚定基团连接到两个半无限长的（3×3）金电极之间组成的磁单分子器件，并且利用第一性原理和非平衡格林函数输运理论方法，分析了不同的锚定基团对自旋电子输运的影响。研究结果表明：锚定基团可以操控磁单分子器件的自旋电子输运。对于非磁性锚定基团，自旋向上和向下的电流是自旋简并的。而对于磁性锚定基团，自旋向上和向下的电流是非简并的，并且在特定的偏压范围内，自旋向下的电流被强烈抑制，这导致了巨自旋过滤现象的出现。进一步分析表明，这种自旋分裂主要来源于自旋向上的前线分子轨道 HOMO 和 LUMO 是局域的。此外，不同锚定基团使得左右电极与分子之间的耦合作用强度不同导致整流效应的出现。以及 M4 体系在高偏压下，由于分子前线轨道 HOMO-1 和 HOMO 被强烈抑制导致了负微分电阻现象。可见，磁锚定基团对于由 $Ni(dmit)_2$ 分子构成的磁单分子器件的自旋相关输运起着至关重要的作用，这些特性可以为设计基于磁单分子的自旋电子器件提供理论支持，如分子旋转开关、整流装置、自旋过滤装置等。

3.3 磁性电极对自旋极化输运的影响

由于分子器件有可能应用于未来的电子电路中，因此在过去几年中，其电荷输运性质受到了广泛学者的极大关注[172]，并且在实验上已经发现了很多有趣的功能，如分子整流、负微分电阻、分子开关等[173,174]。与此同时，在理论上应用计算机模拟分子器件也取得巨大的进步[175~177]。而众所周知，影响分子器件的电子输运的因素有很多，如分子自身的电子结构、左右电极的选择以及分子与电极之间的接触条件[178~180]。因此，弄清这些因素如何影响分子器件电子输运的性质，将极大地推动分子器件的发展。然而，现在很多的研究都主要集中在对分子本身的特性、分子与电极的接触界面以及电荷输运的物理机制上[181,182]，而忽略了电极在分子器件中的作用。根据非平衡格林函数方法可知，电极在分子器件中具有很重要的作用。在这方面已开展了一些工作[183,184]，并且证明了不同的电极对分子器件的电荷输运有极大的影响。例如，Zheng 等人[185]研究得出电极的能带结构决定了分子输运中通道的最大数量，中间分子的作用只是调制电子在这些通道中透过概率；Cho 等人[186]研究表明电极的能带结构和表面态密度可以独立于其他因素对电荷输运产生影响；Pan 等人[187]研究表明不对称的电极会在接触面上产生两个肖特基势垒（Schottky barriers），以及 Fang 等人[188]研究表明不对称的电极会在某些能量区间产生法诺共振（Fano resonances）现象。前面这些研究都没有考虑电子的自旋作用。后来，人们开始研究了磁性电极对分子自旋电子输运的影响[189~192]。例如，Saffarzadeh 等人[191]将 C_{60} 分子连接到两个铁磁性电极上，发现了高达 60% 的磁隧穿电阻；Kondo 和 Ohno 等人[192]将非磁性分子连接到铁磁性电极上，发现电极与分子之间的弱相互作用会极大地影响自旋注入的效率和磁隧穿电阻。

目前，在理论和实验上都已证实电极尤其是磁性电极会对自旋相关输运起着至关重要的作用。可见，研究电极对自旋相关输运影响的物理机理，对未来设计自旋分子器件十分重要。然而，分子与不同电极之间耦合的深层机理还不够完善。并且，考虑到 dmit 与 3d 金属原子（如 Cu、Co、Ni、Pd）形成的金属配合物，具有共轭的平面结构及特有电子性质引起了越来越多研究者的兴趣，并且开始应用于制备有机自旋电子器件[193,194]。因此，本节选取单磁分子 $Co(dmit)_2$ 连接到两个半无限长的线电极上，探讨电极对自旋极化输运的影响。选取 C、Au、Fe 三种不同的单原子链作为电极。之所以选择单原子链作为电极，首先因为单原子链在实验上可以稳定存在并且很多学者利用不同的技术手段对其进行了研究[195,196]；其次是选择单原子链作为电极可以减少计算复杂程度，降低资源消耗；最重要的是依据以前的报道[197]，这样的模型其计算结果仍然具有可信度。研究结果发现了许多有趣的现象，如高自旋过滤效率、整流效应和负微分电阻效应，为进一步理解电极对自旋输运性质的影响提供帮助。

3.3.1　计算模型的构建和研究方法

计算分子器件的几何结构模型如图 3-15 所示，$Co(dmit)_2$ 分子通过硫醇基分别连接到半无限长 C、Fe、Au 的单原子链电极上。M4 模型是由两种不同电极构成，其中左电极为 Fe 原子链，右电极为 Au 原子链。此分子器件可以分为三部分：左电极、右电极和中间散射区。为使中间散射区可以与左右电极形成一个整体，屏蔽中间散射区与电极之间电荷转移的影响，中间散射区包含了左右两边两层金电极的原子，从而建立起一个以金电极费米能级为标准的统一的费米能级。采用最小总能的计算和优化方法，分别计算了 C-C、Fe-Fe、Au-Au、C-S、Fe-S、Au-S 的键长，分别为 0.133nm、0.259nm、0.218nm、0.175nm、0.210nm、0.220nm，这与之先前的报道基本吻合[198]。

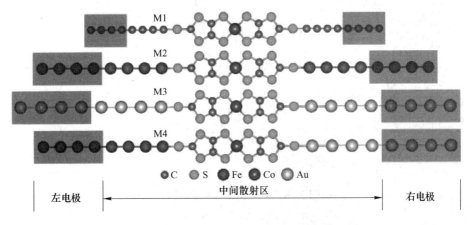

图 3-15　基于 Co(dmit)₂分子器件的结构模型图

在计算中，体系的结构优化和输运特性的计算均基于非平衡格林函数方法与密度泛函方法相结合的输运理论程序包 Atomistk Toolkit（ATK）。在数值计算中，交换关联泛函采取 Perdew-Burke-Ernzerhof（PBE）形式的广义梯度近似（generalized gradient approximation，GGA）。价电子轨道的基函数选为精度较高的 SZP（single zeta polarized）。实空间格子截断能（the cutoff energy）为150Ry，布里渊区 K（the K-point grid）点网格取样为 1×1×100[199,200]。自洽计算能量收敛标准为 4×10^{-5} eV。单原子链的键长及分子与电极之间连接距离，均采用 Quasi Newton 算法优化所有结构至每个原子上的作用力小于 0.5eV/nm，其单胞的真空层均大于 1nm 以防止彼此之间的相互作用。

3.3.2　计算结果分析与讨论

由于分子器件很大程度依赖于电极的能带结构，因此，本书给出了所有电极在费米面附近的能带结构，如图 3-16 所示。此外，为了更清楚地匹配电极的能带结构与中间分子的分子能级，图 3-16（a）插入了中间分子 Co(dmit)₂ 的分子能谱。从图中可知，分子的最高占据态 HOMO 和最低未占据态 LUMO 分别为

0.17eV 和 -0.72eV，具有 0.96eV 的能隙。从能带结构图中可以看出自旋向上和自旋向下的电子在费米面附近均具有较大的展宽，意味着这些电极的电子态为非局域性的，具有较强的电荷转移能力。此外，除 Fe 链电极以外，其他电极的自旋向上和自旋向下的电子都是自旋简并的。

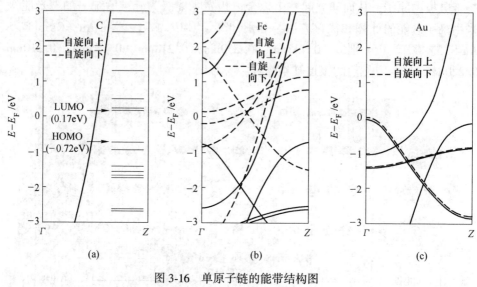

图 3-16　单原子链的能带结构图
(a) C；(b) Fe；(c) Au

体系的输运性质与零偏压下的输运谱线密切相关，因此，图 3-17（a）～（d）分别给出了 M1～M4 体系在零偏压下的输运系数 $T(E, V)$。从图中可知通过改变电极，体系的输运谱线发生很大的变化，即输运性质将发生改变，所有透射谱线均存在一定的非对称性，因此，这些体系均存在一定的自旋过滤现象。在图 3-17（a）中可以看到自旋向上和自旋向下的电子在费米面附近存在三个尖峰，它们分别对应于前线分子轨道 HOMO、LUMO 和 LUMO-1，并且由于单磁分子 Co(dmit)$_2$ 作用使得自旋向上和自旋向下的电子透射谱线相错开。而对于 M2 体系，如图 3-17（b）所示，在费米面附近只有自旋向下的电子具有一个较大峰，而对自旋向上的电子几乎为零，可见，将存在单自旋输运现象。与 M1 和 M2 体系相比，在图 3-17（c）和（d）中，可以发现在正能量区域区间不存在任何的透射峰，自旋向上和自旋向下的 LUMO 和 LUMO-1 的透射峰都消失了，这就意味着这些通道将被强烈抑制。

因此，为进一步了解这种有趣的自旋分裂现象，分别计算了 M1～M4 体系自旋极化电流在 [-2.0V, 2.0V] 偏压内的伏安特性曲线（I-V 曲线），如图 3-18（a）～（d）所示。从图中可知，对于所有体系而言，自旋向上和自旋向下的电流

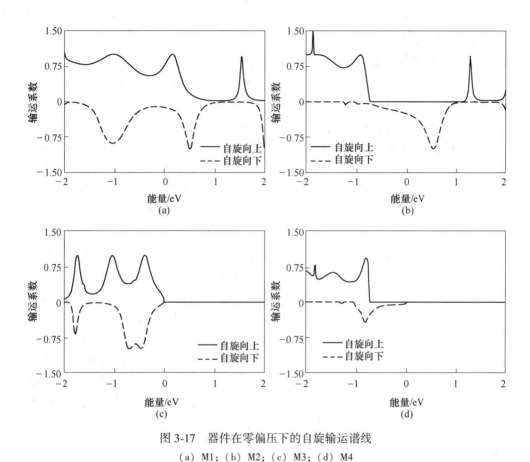

图 3-17 器件在零偏压下的自旋输运谱线
(a) M1；(b) M2；(c) M3；(d) M4

在偏压范围内都是非简并的，均存在自旋分裂现象，与透射谱图 3-17 相对应。然而，更有趣的是，对于 M1 和 M3 体系，在偏压 [-0.5V，0.5V] 范围内，随着偏压的增加，电流近似为欧姆特性，并且在整个偏压范围内，自旋向上的电流均大于自旋向下的电流。然而对于 M2 和 M4 体系，不再表现为欧姆特性，在整个偏压范围内，自旋向上的电流均被强烈抑制，而对于自旋向下的电流，只有 M4 体系在正偏压范内才被抑制，从而表现出一种巨大的自旋极化现象。为了更清楚地描述这种自旋极化现象，分别计算了它们的自旋极化率（spin-polarization efficiency，SPE），SPE 采用定义 $\eta = (I_\uparrow - I_\downarrow)/(I_\uparrow + I_\downarrow)$，图 3-18（e）给出了 M1~M4 体系的自旋过滤效率，由图可知，对于 M1、M2、M3 和 M4 体系，自旋极化率在偏压 [-1.0V，0.7V] 内的平均值分别为 56.4%、99.9%、37.7% 和 97.3%，特别是对于 M2，在偏压 [-1.5V，1.5V] 内，其自旋极化率几乎为 100%，这是由于铁原子自旋向上和自旋向下的电子密度的差异，导致铁原子具有磁矩，而通常铁原子更倾向于铁磁性基态[201]，这就将对另一种自旋电子产生巨大的磁电阻作用。可见，自旋极化电流可以通过磁性电极来控制，这为实验设计自旋过滤器件和自旋阀器件提供了理论方法。

此外，在图 3-18（d）中还有一个有趣的现象，自旋向下的电流在正偏压区完全被抑制，而在负偏区随偏压的增加而急剧增大，从而表现出较强的整流效应。为更清晰地体现这种整流效应，本书采用整流比为 $R(V) = |I(-V)/I(V)|$，给出 M4 体系自旋向下电流的整流比，如图 3-18（f）所示。从图中可知，在偏压为 1.4V 左右时，整流比可以高达 645。这是由于在双电极体系中，分子和金属电极之间的电子态的杂化以及分子能级和电极的费米能级的一致性都会直接影响电极能级能否投影到分子能级中。当一个正或负偏压施加时，会使电极的能带发生上移或下移，使得不同的能带进入偏压窗口内，进而出现不同的输运性质。可见，分子和金属电极之间的电子态的杂化以及分子能级和电极的费米能级偏移会导致正负偏压下电流的不同，即整流效应的出现。

在图 3-18（a）~（d）中，还可以发现，在偏压范围内，M1 和 M2 体系的电流要远大于 M3 和 M4 体系的电流，也就是说 M3 和 M4 体系具有更大的磁阻。为解释这一现象，本书给了体系在零偏下散射区的静电势分布（electrostatic difference potential，EDP），如图 3-19 所示。所谓静电势分布是指通过解泊松方程，计算出总的电荷密度再减去中性原子的电荷密度。从图中可以看出，对于电极 C 和 Fe 单原子链间，具有较大 EDP 的数值，这就意味着电荷密度发生了巨大的改变，可以形成较强的价键。而对电极 Au 单原子链，EDP 的数值几乎为零，可见其不能形成良好的价键。由此可知，导致 M3、M4 体系电流小于 M1、M2 体系的原因是金原子间没有形成稳定的价键。

在图 3-18 中，在某些偏压范围内，还出现了极化电流随偏压增大而减小的负微分电阻现象。为清楚地理解这一现象，以 M2 体系自旋向下的电流为例，自旋向下电子在偏压为 0.5V、1.0V 和 1.8V 时的输运谱线，如图 3-20（a）~（c）所示，图中实线范围即能量偏压窗口。可见随着偏压范围从 [-0.25V, 0.25V] 增至 [-0.5V, 0.5V] 时，在偏压窗口内的透射谱有效面积变大。而根据非线性电流由 Laudauer-Buttike 公式计算求出，电流值的大小是由输运系数在偏压窗口里的有效积分面积决定的，即图 3-20（a）~（c）的阴影面积，因此，随偏压的增加，电流增大。但是当偏压范围从 [-0.5V, 0.5V]，[-0.25V, 0.25V] 增至 [-0.9V, 0.9V] 时，自旋向下的透射峰被强烈地抑制，在偏压窗口内只有很小的透射峰，因此，虽然偏压增加了，但电流减小，即出现了负微分电阻现象。众所周知，体系的输运谱线是由散射区域和电极之间的波函数的叠加，因此，在图 3-20（d）和（e）中分别给出了体系在偏压为 1.0V 和 1.8V 下，其最高占据态分子轨道 HOMO（highest occupied molecular orbital）和最低未占据轨道 LUMO

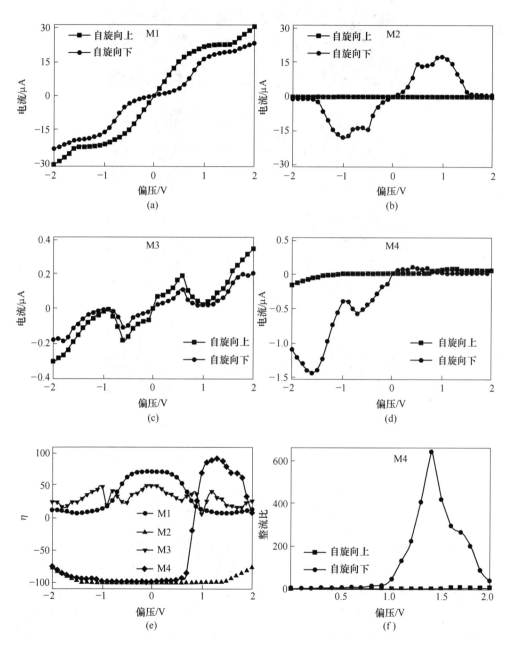

图 3-18 自旋伏安特性曲线、自旋极化率和整流比

（a）M1 的自旋伏安特性曲线；（b）M2 的自旋伏安特性曲线；（c）M3 的自旋伏安特性曲线；

（d）M4 的自旋伏安特性曲线；（e）自旋极化率；（f）整流比

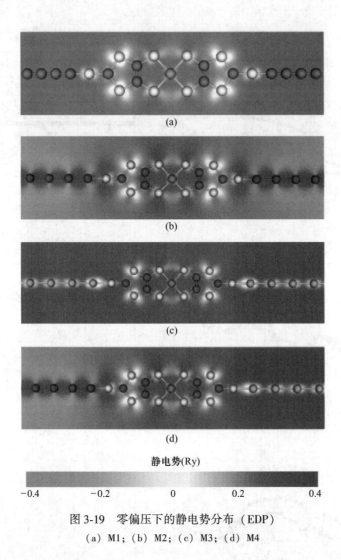

静电势(Ry)

-0.4 -0.2 0 0.2 0.4

图 3-19 零偏压下的静电势分布（EDP）

(a) M1；(b) M2；(c) M3；(d) M4

（lowest unoccupied molecular orbital）的分子投影自洽哈密顿量（MPSH）。从图
3-20（d）中可以看到，体系的 HOMO 和 LUMO 都具有较好的离域性，而分子轨
道是离域的，能量与轨道能级相当的电荷就能通过分子轨道从电极的一端转移到
另一端，形成输运通道，也即在输运谱线中形成巨大的透射峰。而当偏压从
1.0V 增至 1.8V 时，体系的 HOMO 和 LUMO 基本都是局域的，对输运几乎不起
作用，因此导致电流的减小，即负微分电阻行为的出现。可见，偏压的改变会使
在费米面附近的前线分子轨道发生变化，可以从高电导状态变成低电导状态，从
而引起负微分电阻的出现。

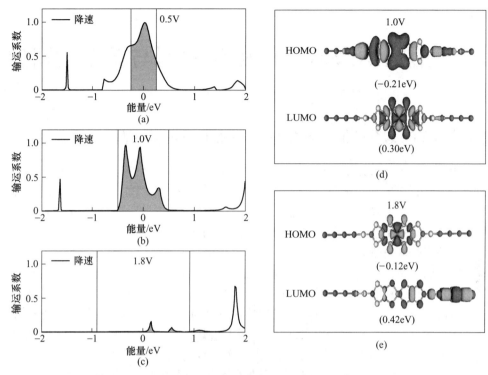

图 3-20 M2 器件在特定偏压下的透射系数

(a) 0.5V；(b) 1.0V；(c) 1.8V；

(d) 分别为 1.0V 偏压下自旋向下 HOMO 和 LUMO 的 MPSH 图；

(e) 1.8V 偏压下自旋向下 HOMO 和 LUMO 的 MPSH 图

3.3.3 研究结论

利用第一性原理和非平衡格林函数输运理论方法，研究了单磁分子 $Co(dmit)_2$ 连接到不同电极材料上对自旋极化电流输运性质的影响。研究表明，自旋极化电流可以通过磁性电极来控制，当用 Fe 作为电极时，得到了近 100% 高自旋极化率和有趣的负微分电阻现象。在不同偏压下，由于分子和电极之间的电子态的杂化以及分子能级和电极的费米能级匹配的影响，分子的前线分子轨道 HOMO 和 LUMO 局域性会改变，进而导致负微分电阻的出现。可见，电极材料在分子电子器件的自旋相关输运性质方面起着关键性的作用。这些结果对分子器件的自旋相关输运性质提供了一条可能的途径，并在新型自旋电子器件制造潜在的应用，如分子自旋开关、分子整流器件、自旋过滤装置。

4　石墨烯纳米带自旋极化输运与调控的研究

4.1　边缘 Fe 取代的锯齿形石墨烯纳米带自旋输运性质

2004 年，Manchester 大学的 Geim[202] 小组用机械剥离的方法首次剥得了单层的新型二维石墨烯，这吸引了广大研究者的极大兴趣。石墨烯纳米带具有高电导率、高热导率、低噪声以及自旋弛豫时间较长和长的自旋相干时间，这些独特的特性使得石墨烯纳米带最有可能应用于自旋电子器件[203~206]。先前的研究表明石墨烯纳米带的电学特性可以通过各种物理或化学的方法进行调制，如掺杂、结构扭转、引入带边官能团、边缘调制以及小分子吸附等。尤其是通过石墨烯纳米带边缘的缺陷、掺杂和取代来调制其性质[207~211]，相比这些方法，石墨烯纳米带边缘通过原子或分子基团进行取代的技术较为简单，并且在理论与实验上已开展了大量的研究工作[212~215]。有研究表明石墨烯纳米带边缘被金属原子取代可以改变其磁特性，使石墨烯纳米带最终实现应用于自旋电子学器件更进一步[216~221]。在这方面，Ong 等人[136] 首先研究了边缘用铁原子饱和的锯齿形石墨烯纳米带的结构、稳定性和磁性，表明带的两边显示为反铁磁性，并且磁性强度随着带宽的增加而减弱。Wang 等人[198] 在理论上分别研究了用过渡金属原子（Fe，Co，Ni）和贵金属原子（Cu，Ag，Au）饱和的锯齿形石墨烯纳米带边缘，表明在反铁磁构型下，过渡金属原子饱和的锯齿形石墨烯纳米带从半导体变为导体，而边缘用贵金属原子饱和的锯齿形石墨烯纳米带在费米面附近仍然具有能隙。在铁磁构型下，过渡金属原子饱和的锯齿形石墨烯纳米带在费米面附近具有很强的自旋极化现象。Zhang 等人[222] 研究表明 Fe 原子链吸附在锯齿形石墨烯纳米边缘，对其自旋极化输运的影响巨大。Cao 等人[218] 研究了锯齿形石墨烯纳米带边缘用铁原子饱和的自旋电子输运特性，在外加磁场和较小偏压下，观察到了巨磁阻效应（大于 1000）及完美的自旋过滤效应。Nguyen 及其同事[223] 研究了在真空环境下，将等距或二聚态的铁原子单链锚定到石墨烯纳米带边缘，发现铁原子的磁性对自旋电子输运起着决定性的作用。

根据对边缘用铁原子饱和的石墨烯纳米带的研究工作可知，在其边缘铁原子有两种可能形态：等距和二聚态，并且对电子自旋极化输运有极大的影响。为了进一步弄清等距或二聚铁原子以及铁原子在带边缘对称和非对称性饱和对自旋极化输运的影响，本书应用第一性原理研究了锯齿形石墨烯纳米带两边缘用一个或两个铁原子对称和非对称取代原来的 H 原子对自旋极化输运的影响。

4.1.1　计算模型的构建和研究方法

我们计算分子器件模型如图 4-1 所示，经过边缘裁剪后的锯齿形石墨烯纳米带连接到两个宽度为 4 的半无限长锯齿形石墨烯纳米带组成的电极上，在本章中简称为 4-ZGNR。之所以选择 4-ZGNR 是因为先前已对其电子结构和电荷输运进行了大量研究[224~226]，因此可以更清楚地了解用一个或两个铁原子对称和非对称取代原来的 H 原子对其自旋极化输运影响的物理机制。在中心散射区中，去掉一些碳原子之后，用氢原子和铁原子进行边缘饱和处理，考虑了五种情况：两个边缘都被氢原子饱和，如图 4-1（a）所示，称为 M1；一个边缘最中间的 H 原子被一个 Fe 原子取代，如图 4-1（b）所示，称为 M2；一个边缘用两个 Fe 原子

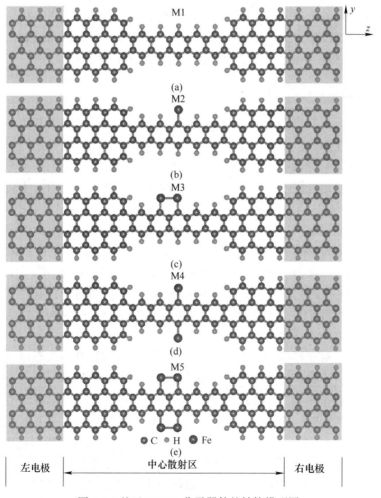

图 4-1　基于 ZGNRs 分子器件的结构模型图

取代中间两个 H 原子，如图 4-1 （c） 所示，称为 M3；两个边缘最中间的 H 原子被两个 Fe 原子取代，如图 4-1 （d） 所示，称为 M4；两个边缘中间的两个 H 原子被四个 Fe 原子取代，如图 4-1 （e） 所示，称为 M5。由于边缘铁原子饱和的石墨烯纳米带仍然具有磁性，并且已有报道最稳定的状态是反铁磁性结构。并且，通过第一性原理计算发现，对于单 Fe 原子是铁磁性的，磁矩为 $3.033\mu B$，这与报道[227]相符，因此，本章只通过讨论反铁磁性的锯齿形石墨烯纳米带和铁磁性的铁原子来探讨分子结的自旋极化输运性质。

此研究采用基于密度泛函理论的第一性原理和非平衡格林函数方法的 ATK（Atomistk Toolkit）对体系进行几何结构优化及电荷输运性质的计算。在计算工作中，所有的结构采用 Quasi Newton 算法弛豫收敛至每个原子上的作用力小于 $0.5eV/nm$。交换关联函数采用 Ceperley-Alder 局域自旋密度近似（local spin density approximation，LSDA）[228]，价电子轨道的基函数选用的单极化（SZP）基组，该基组可以很好地描述碳基纳米体系，截断能（cutoff energy）为 150Ry，布里渊区 K 点取样为 $1×1×100$，自洽计算的收敛标准为 $1×10^{-5}eV$。

4.1.2　计算结果讨论与分析

在图 4-2 （a）~（e） 中，分别给出了 M1~M5 体系在零偏压下的自旋输运系数谱线和态密度曲线。从图中可以看出，对于所有的体系，在费米面附近均出现了一个约为 0.4eV 的输运间隙，呈现半导体输运特性，并且透射系数与态密度密切相关，尤其是在峰的位置上，这与之前相关研究工作一致。对于不含铁原子的 M1 体系，如图 4-2 （a） 所示，其自旋向上和自旋向下的透射峰几乎完全一致。而当边缘用铁原子取代边缘 H 原子时，如图 4-2 （b）~（d） 所示，在费米面附近的自旋向下透射峰高度均明显减小，导致自旋向上和自旋向下的透射系数非简并，特别是对于 M4 和 M5 体系，分别在能量范围为 $[-0.6eV，-0.2eV]$ 和 $[0.2eV，0.8eV]$ 内，自旋向上的透射系数基本不变，而对于自旋向下的透射系数几乎为零，这可能是由于铁原子的引入使某些能量点发生共振，输运通道被完全抑制，这也意味着体系具有自旋过滤效应。

众所周知，对于锯齿形石墨烯纳米带，边缘的对称性和边缘态对电子输运起着重要的作用，边缘扩展的电子态对电子输运起作用，而边缘局域的电子态对电子输运几乎不起作用[229]。因此，为进一步理解边缘铁原子对锯齿形石墨烯纳米带的自旋输运的影响，图 4-3 分别给出了五个体系在能量为 0.4eV 时的局域态密度图（local density of states，LDOS）。对于 M1 体系，在带的边缘自旋向上和自旋向下的电子态在散射区都具有一定的扩展性，这对应于此能量位置的透射峰。而对于 M2~M5 体系，在带的边缘，只有自旋向上的电子态是扩展的，而对于自旋向下的电子态是局域的，因此自旋向上的透射系数要高于自旋向下的透射系数。

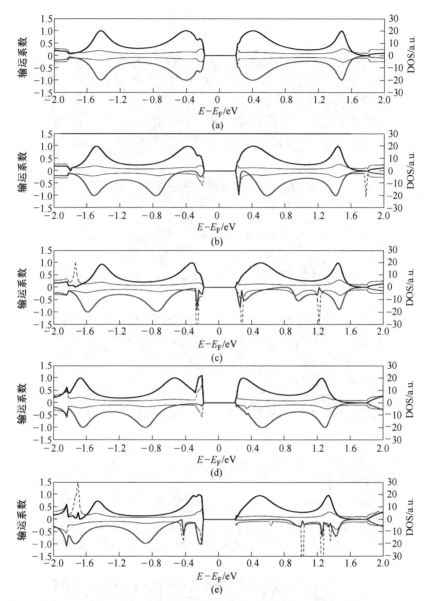

图4-2　器件在零偏压下的自旋相关输运系数谱线和态密度

(正负输运系数分别代表自旋向上电子和自旋向下电子的输运系数)

我们知道，锯齿形石墨烯纳米带会随着偏压的增加，电流呈现出不同的增长趋势，因此，我们给出了所有体系的自旋极化电流在 [0，1.5V] 偏压范围内的变化 I-V 曲线，如图4-4所示。从图中可以看出，所有体系都呈半导体行为，均在一个约0.4V 的阈值电压。当偏压大于阈值电压时，随着偏压的增大，对于 M1

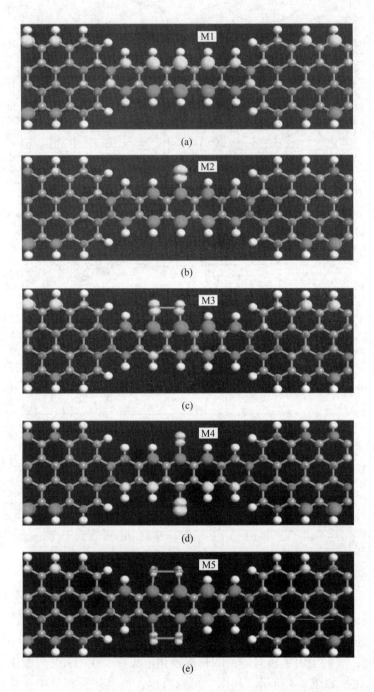

图 4-3 M1~M5 分子器件在零偏压下 0.4eV 能量处的局域态密度（LDOS）

体系，自旋向上及自旋向下的电流均保持着简并状态，然而，对于 M2～M5 体系，自旋向上及自旋向下的电流发生了自旋分裂。为了更清楚地描述这种自旋极化现象，本书计算了它们的自旋极化率（spin-polarization efficiency，SP），SP 采用定义：

$$\eta = \left| (I_\uparrow - I_\downarrow)/(I_\uparrow + I_\downarrow) \right| \tag{4-1}$$

图 4-4（b）给出了 M2～M5 四体系的自旋极化率。从图中可以看出，自旋极化率基本都大于 20%，尤其是对于 M4 和 M5 体系，自旋极化率可以高达 90%，这要高于 An 等人[129] 在 Au/Mn(dmit)$_2$/Au 隧道结中发现自旋极化率，并且远远高于 Takahashi 等人[230] 在低温下 Pt/CoFe$_2$O$_4$/MgO/Co 磁隧道结中 44% 的自旋极化率。

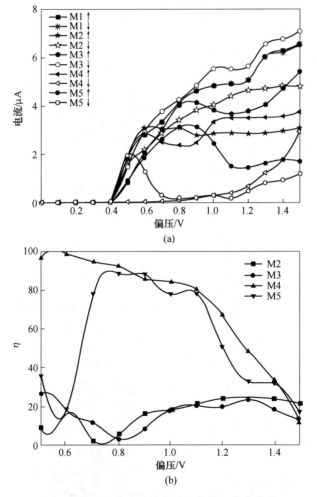

图 4-4　体系的伏安特性曲线和自旋极化率曲线

（a）伏安特性曲线；（b）自旋极化率曲线

在图 4-4（a）中一个有趣的现象，对不同的体系而言均存在一个相同的阈值电压 0.4V。为了解释这一现象，以 M1 体系为例，分别给出在 0V 和 0.5V 偏压下，体系的透射系数及左右电极的能带图，如图 4-5 所示。从图 4-5（a）中可以看出，左右电极的能带均存在一个 0.4eV 能隙，这与透射谱对应。当加正偏压小于 0.4V 时，左右电极的能带分别向下和向上移动[231,232]，左电极的 π* 和 π 子带分别与对应右电极的 π* 和 π 子带部分重叠。当偏压为 0.5V 时，如图 4-5（b）中所示，左电极的 π 子带与右电极的 π* 子带交叠，这对应着透射谱中透射峰的出现。众所周知，电流的大小决定于透射系数的大小。可见，所有体系的阈值电压是由电极的能隙所致，与中间分子无关。

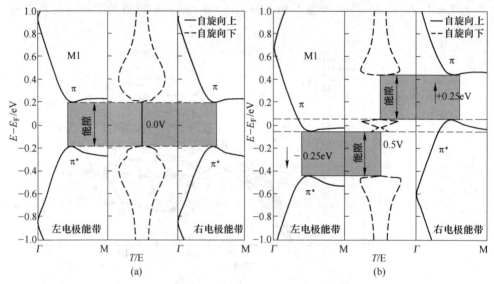

图 4-5　M1 器件在 0V、0.5V 偏压下的左右电极能带和中间散射区的自旋输运谱线

（a）0V；（b）0.5V

此外，在图 4-4（a）中，可以发现自旋向上和向下的电流可以通过铁原子对称和非对称取代来调制。在高偏压下，对于非对称取代的 M2 体系和 M3 体系，自旋向下的电流大于自旋向上的电流，而对于对称取代的 M4 体系和 M5 体系正好相反。但是对于低偏压时，对于 M2 体系，在偏压小于 0.7V 时，自旋向上的电流大于自旋向下的电流。对于 M5 体系，在偏压小于 0.5V 时，自旋向下的电流大于自旋向上的电流。为解释这一现象，在图 4-6 中给出了 M2 体系和 M5 体系在 0.5V 和 1.0V 偏压下的透射谱线。非线性电流由 Laudauer-Buttike 公式计算求出，电流值的大小是由输运系数在偏压窗口里的有效积分面积决定的，即图 4-6 中阴影的面积。可见，对于 M2 体系，在 0.5V 偏压下，浅色的阴影面积稍稍大于深色的阴影面积，使得自旋向上的电流大于自旋向下的电流。当偏压增至 1.0V 时，浅色的阴影面积变得小于深色的阴影面积，使得自旋向下的电流大于

自旋向上的电流。而对于 M5 体系，同理可得。

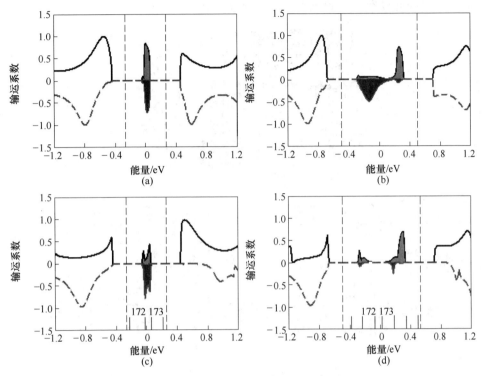

图 4-6 M2 和 M5 器件在 0.5V、1.0V 偏压下的自旋输运谱线

（a）M2（0.5V）；（b）M2（1.0V）；（c）M5（0.5V）；（d）M5（1.0V）

有趣的是在图 4-4 中，对于 M3 体系和 M5 体系，在某些偏压范围内，自旋向上和自旋向下的电流均出现了负微分电阻现象。为解释这一现象，以 M5 体系自旋向下的电流为例，自旋向下电子在偏压为 0.5V 和 1.0V 时的输运谱线，如图 4-6（c）和（d）中虚线所示，图中虚线范围即为能量偏压窗口。可见随着偏压范围从 [−0.25V，0.25V] 增至 [−0.5V，0.5V] 时，自旋向下的透射峰被强烈地抑制，在偏压窗口内只有很小的透射峰，从而导致电流的减小，负微分电阻现象出现[233,234]。通常对输运有贡献的主要通道来自偏压窗口内的分子轨道，因此，为进一步理解这种负微分电阻效应，本书在图 4-6（c）和（d）中给出了偏压口内的所有分子轨道，如图中底部竖线的位置。从图中可知，当偏压为 0.5V 时，有 4 个分子轨道在偏压窗口内，而当偏压增加到 1.0V 时，在偏压窗口内的分子轨道增至 7 个。为分析这些分子轨道，图 4-7 中分别给出了其分子投影自洽哈密顿量（MPSH）。可见，当偏压为 0.5V 时，分子轨道 172 和 173 具有一定的扩展性，这导致了图 4-6（c）中透射峰的产生。而当偏压从 0.5V 增至 1.0V

时，虽然偏压窗口内分子轨道增加，但是分子轨道基本都是局域的，对输运几乎不起作用。因此导致电流的减小，即负微分电阻行为的出现。

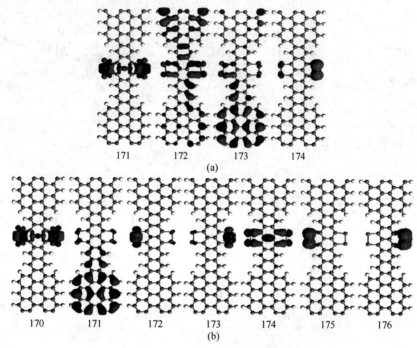

图 4-7 M5 器件在 0.5V、1.0V 偏压下分子的 MPSH 图

(a) 0.5V；(b) 1.0V

4.1.3 研究结论

我们应用基于密度泛函理论的第一性原理方法和非平衡格林函数量子输运计算理论，研究了一个或两个铁原子对称和非对称性取代 H 原子对锯齿形石墨烯纳米带自旋电子输运性质的影响。研究结果表明：考虑自旋极化时，所有体系拥有相同的阈值电压来源于锯齿形石墨烯纳米带电极的能带能隙。铁原子对称和非对称性取代 H 原子会极大地影响锯齿形石墨烯纳米带自旋电子输运性质，铁原子引入使得自旋态电子在锯齿形石墨烯纳米带边缘重新分布，导致自旋向上和自旋向下的电流发生分裂，从而引起自旋过滤现象的出现。而不同偏压下，前线分子轨道局域性的变化导致了负微分电阻的出现。这些特性在设计基于石墨烯纳米带的自旋电子器件中有着潜在的应用价值。

4.2 锯齿形石墨烯纳米带结的自旋输运性质的研究

在过去的几十年中，电路元件的尺寸迅速下降，已接近数十纳米[235]，至

2016 年国际半导体技术蓝图（ITRS）报道集成电路主流工艺宽度已达 22nm，预计到 2030 年将达到 3nm 左右，届时，以硅为基础的电子元件将达到物理极限，许多宏观物理概念将不再适应，取而代之是其量子性质。因此，必须发展基于全新原理的全新材料，以突破摩尔定律的限制[236]。幸运的是，自剥得了单层的新型二维石墨烯以来，石墨烯因其具有其独特、优异的机械、电导以及物理性质得到全人类的关注，特别是其拥有高电荷迁移率[237]、高导热率[238]以及具有非常大的比表面积[239]，使得石墨烯作为制备下一代电子设备的首选材料。虽然，石墨烯纳米带没有能隙，导致在应用构建电路时其电流开/关比值较小，但是石墨烯晶体管在射频领域有着非常好的应用[240~243]。特别是在 2011 年，美国 IBM 公司的科学家首次制备出由石墨烯圆片制成的集成电路，引起许多科学家者开始从理论和实验上研究单层石墨烯电路的性质[244~248]。与此同时，石墨烯的合成与印刷石墨烯电路的也有新的突破[249,250]，使得石墨烯大量应用于制备石墨电路成为可能。然而，要制备完整的石墨烯集成电路或以石墨烯纳米带作为电极，这就不可避免会有带与带的接口结的出现。因此，我们需要研究石墨烯纳米带结的输运性质。众所周知，纳米结的输运性质主要取决于界面的接触电阻（contact resistance），而接触电阻主要与接触条件密切相关[251]。在界面接触方面，在实验和理论上已开展了很多的工作[252~256]，如 Zeng 等人[257]发现通过调节两个石墨烯纳米带之间弱 π—π 键弱相互作用，可以观察到整流效应和连续的开关效应。Liu 等人[258]研究表明石墨烯纳米带与金属连接时，其交叠面积的大小会影响电子的输运性质。因此，我们有必要进一步深入研究石墨烯纳米结界面对其输运性质的影响。这将给石墨烯纳米带最终应用于制备石墨烯电路及器件提供理论帮助。

目前，应用第一性原理理论方法已经大量地研究了 AA 和 AB 堆垛双层石墨烯的输运性质。但是对于石墨烯纳米带带与带连接结的输运性质研究较少。因此，本章研究锯齿形石墨烯纳米带结界面接触条件对自旋极化输运的影响，并且发现了很多新特性，为制备石墨烯电路及器件提供了理论参考。

4.2.1 计算方法

石墨烯纳米带结的电子输运性质的计算采用基于密度泛函理论和非平衡格林函数方法的第一性原理软件包 Atomistix Toolkit（ATK），在计算工作中，所有的结构采用 Quasi Newton 算法弛豫收敛至每个原子上的作用力小于 0.5eV/nm。交换关联函数采用 Perdew-Zunger 局域自旋密度近似（local spin density approximation，LSDA），价电子轨道的基函数选用的单极化（SZP）基组，该基组可以很好地描述碳基纳米体系，截断能（cutoff energy）为 200Ry，布里渊区 K

点取样为 $1×1×500$，自洽计算的收敛标准为 $4×10^{-5}$ eV。

4.2.2 计算结果讨论与分析

4.2.2.1 平移对锯齿形石墨烯纳米带结自旋输运性质的研究

理论优化之后计算模型如图4-8所示，石墨烯纳米带结连接到同样宽度为5的两个半无限长锯齿形石墨烯纳米带上，由于5-ZGNRS两边缘具有非对称性，因此中间散射区上下两层存在对称（Symmetry）和非对称的两种吸附（Asymmetry）形式，本节分别简称S体系和A体系，如图4-8（a）和（b）所示。考虑到每一层内C环结构非常稳定，因此每次只将散射区中间的上方石墨烯纳米片下移一个C—C键长，使得交叠碳原子链（n_y）减少，即交叠面积减少，来探讨交叠面积对石墨烯纳米带的输运性质的影响，在本节中两体系分别命名为 Sn_y 和 An_y 体系。为了确定最佳的层间距（D），通过总能的计算，在 $D≈0.334$nm

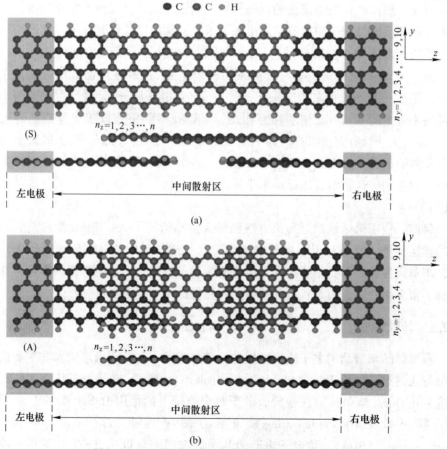

图 4-8 基于 ZGNRs 器件的结构模型正视和侧视图

（a）对称吸附；（b）非对称吸附

体系的总能最小，这与之前报道研究结果基本吻合。随后，采用 Quasi Newton 算法优化所有结构至每个原子上的作用力小于 0.5eV/nm。优化后虽发现中间部分区域发生弯曲变形，但间距基本在 0.29～0.34nm。

由于体系的主要性质由零偏压下透射谱线决定，因此，首先计算 S 和 A 体系在零偏压下的自旋输运系数谱线和态密度曲线，如图 4-9 和图 4-10 所示。从图 4-9 中可以看出，对于 S 体系，在费米面附近均出现了一个约为 0.4eV 的输运间隙，呈半导体输运特性，并且态密度峰与透射峰密切相关，这与前面分析的结果一致。随着中间石墨烯纳米片的下移，即交叠碳原子链的减小，原本拓展性较好的透射峰迅速变窄变尖，这表明，体系与两电极之间的耦合作用减弱。同时在费米面附近的输运谱线对称性遭到更加强烈的破坏，甚至在某些能量区间还出现单自旋传输的现象，这必将引起自旋分裂现象的出现。更有趣的是，交叠碳原子链

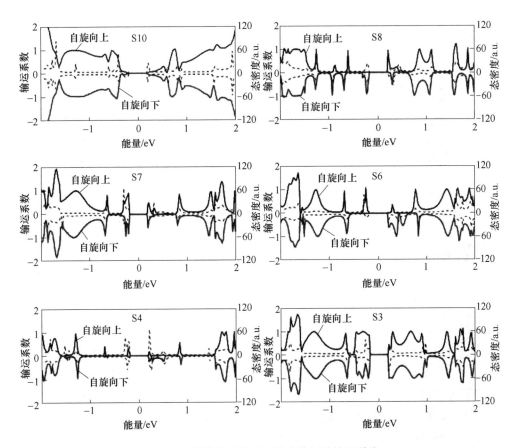

图 4-9　S 器件在零偏压下的自旋相关输运谱线

数为奇数时的透射的大小和扩展性要比偶数时更好，特别是当碳原子交叠链数为3时，也即通过边缘吸附的 S3 体系，其费米面附近的透射系数显著增强。可见，对于 S 体系，当中间石墨烯纳米片通过边缘吸附时，体系的输运性能最好。而对于 A 体系，如图 4-10 所示，由于非对称性吸附更加破坏了体系的对称性，使输运谱线变得更不对称。这种不对称性也必将导致自旋分裂加剧。同时还发现对于A 体系，当中间石墨烯纳米片通过边缘吸附时，A2 的透射系数并不像 S3 那样显著增加，而是处于抑制状态。相比较 A 体系所有透射谱，可知，A5 在费米面附近具有较强的透射峰，因此，A5 的输运性能最好。

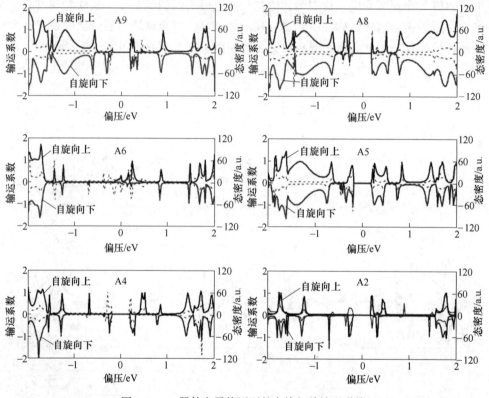

图 4-10　A 器件在零偏压下的自旋相关输运谱线

为进一步探讨交叠面积对自旋极化输运的影响，选取 S 体系中 S10、S4 和 S3，并给出其自旋 *I-V* 曲线，如图 4-11 所示。从图中可知，所有分子器件均呈现出半导体特性，存在一个阈值电压约为 0.4V，并且自旋向下的自旋极化电流基本大于自旋向上的自旋极化电流，这与图 4-9 中的输运谱线基本相符。从电流大小来看，在 [0.5V, 1.5V] 偏压范围内，S3 的电流总要远大于 S10 和 S4 的电流。为更清楚地体现这种电流比，分别计算各个体系在相同偏压下，总电流相互的比值。然后对所有比值取其平均值得到：$\bar{I}_{S3}/\bar{I}_{S10} = 13.1$；$\bar{I}_{S3}/\bar{I}_{S4} = 15.2$；$\bar{I}_{S10}/\bar{I}_{S4} = 1.7$。可见，虽然由 S4 平移到 S3 只相差一个 C—C 键长，电流却发生巨大的变化，其电流比高 15 左右，利用这一特性，可以制作石墨烯开关。

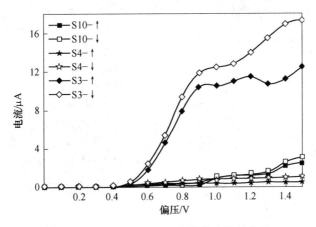

图 4-11　S10、S4 和 S3 的自旋伏安特性曲线

从上面的分析可知，S3 和 S4 电流相差巨大，为弄清这一现象，图 4-12 中给出 S3 和 S4 在 0.6V 偏压下，自旋向上和自旋向下电子在能量为 0.25eV 处的传输路径。从图中可以清楚地看到，对于 S3 体系，自旋向上和自旋向下的电子都集中在石墨烯边缘的交叠区域传输，且相近碳原子间的跳跃比相邻碳原子间的键传输要强很多。而对于 S4 体系，自旋向上和自旋向下的电子的输运通道明显要少于 S3 体系，并且大部分的输运路径都局域在两边，因此电子从电极的一端传输到另一端时将被抑制，导致输运能力变差。

众所周知，体系的输运能力与其电子结构密切相关，S3 和 S4 在零偏压下体系的 MPSH，如图 4-13 所示。从图中可知，对于 S3 体系，自旋向上和自旋向下的 HOMO+1、HOMO 和 LUMO 均具有非常好的扩展性，这意味着电子可以很好地通过这些通道。而 S4 体系，自旋向上 HOMO、LUMO 和自旋向下 LUMO、LUMO-1 的分布都是局域的，因此，电子在这些通道传输将被抑制。可见，S3 体系的输运通道要比 S4 体系的输运通道多，且由于石墨烯自身的边缘效应，导致 S3 体系的导电能力要远强于 S4 体系。由此可知，当两个 5-ZGNRs 相连接时，两结构对称采用边缘吸附，两结构非对称采用中间吸附以提升器件的输运能力，这可为石墨烯纳米带作为电极时其与分子器件的连接方式上提供理论参考，同时这种导电能力的突变可以用于制作石墨烯开关器件。

4.2.2.2　旋转对锯齿形石墨烯纳米带结自旋输运性质的研究

为进一步了解界面接触条件对自旋极化输运的影响，本书又构建了如图 4-14

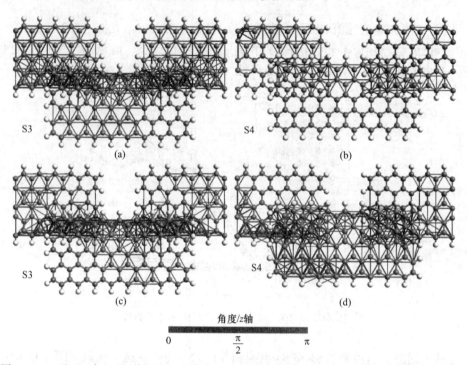

图 4-12 S4 和 S3 在 0.6V 偏压下，自旋向上和自旋向下电子在 0.25eV 能量处的传输路径图

(a) S3，自旋向上；(b) S4，自旋向上；(c) S3，自旋向下；(d) S4，自旋向下

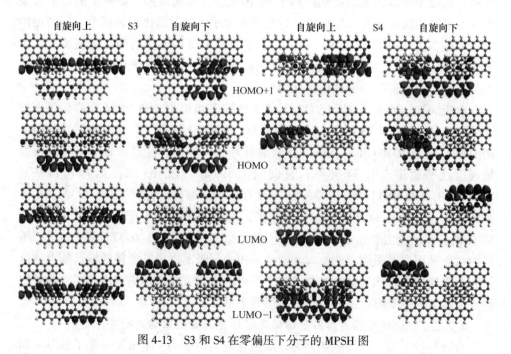

图 4-13 S3 和 S4 在零偏压下分子的 MPSH 图

所示的计算模型，将石墨烯纳米片分别吸附在宽度相同的完整和断裂的石墨烯纳米带上，并将其连接到同样宽度为4的两个半无限长锯齿形石墨烯纳米带上，本节分别简称R体系和S体系，对应于图4-14（a）和（b）。然后以体系中心为原点，将中间散射区内上方吸附的石墨烯纳米片绕x轴旋转，每次旋转的角度记为θ，使得交叠面积发生改变，来探讨交叠面积对石墨烯纳米带的自旋极化输运的影响，在本节中两体系分别命名为Rθ和Sθ体系。层间距采用前面$D=0.334$nm，随后，采用Quasi Newton算法优化所有结构至每个原子上的作用力小于0.5eV/nm。

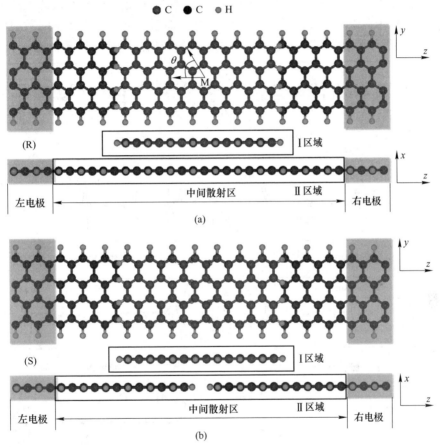

图4-14 基于ZGNRs器件的结构模型正视和侧视图
（a）完整石墨烯纳米带；（b）断裂石墨烯纳米带

由于在两极系统中，体系在零偏下的透射谱非常重要，因此，我们首先计算了R和S体系在零偏压下的自旋输运系数谱线和态密度曲线，如图4-15所示。分别将中间散射区上方吸附的石墨烯纳米片绕x轴旋转30°、60°、90°后分别得到R30、R60、R90和S30、S60、S90。从图4-15中可以看出，所有体系在费米面附近均出现了一个约为 0.4eV 的输运间隙，呈现半导体输运特性。对于 R 体系来说，随着旋转角度的增加，对透射谱线影响不大，只是透射谷的数量减少以及位置发生改变，特别是当旋转到 90°时，R90 的输运谱线几乎和单层 4-ZGNRs 的相一致，也就是说中间散射区吸附石墨烯纳米片对体系输运性质的影响很小。而对于 S 体系，当旋转一定角度时，在费米面附近原本对称的输运谱线立刻遭到严重的破坏，透射峰变尖变小，甚至在某些能量区间出现单自旋传输现象，这意味体系输运能力将骤降并且也必将导致电流的自旋分裂。此外，需要特别指出的是 S90 的输运谱线与 R90 相比完全不同，当 S 体系中间吸附的石墨烯纳米片旋转 90°时，在费米面附近的输运透射峰几乎完全被抑制。可见，旋转中间散射区吸附的石墨烯纳米片将对于 S 体系输运造成巨大的影响，而对 R 体系影响较小。

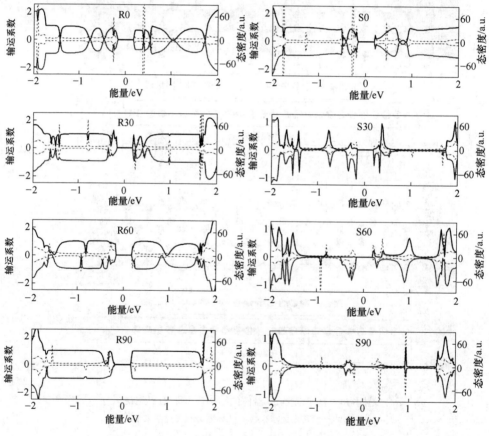

图 4-15 R 和 S 器件在零偏压下的自旋相关输运谱线

然而更有趣的是，在图 4-15 中，S 体系的态密度峰与透射峰的位置基本吻合，而与 S 体系截然不同的是，R 体系的态密度峰与透射峰完全不对应，有态密度峰的位置却对应于透射谱线中的透射谷。为进一步解释这一现象，在图 4-16（a）

和（b）中分别给出了 R0、R60 以及 S0、S60 体系在零偏压下的投影态密度
（PDOS）、总态密度（DOS）和透射谱（T）。从图中可以看到，对于 R0 和 S0 体
系，当不旋转时，第Ⅰ区域的自旋投影态密度和第Ⅱ区域的投影态密度一一对应，

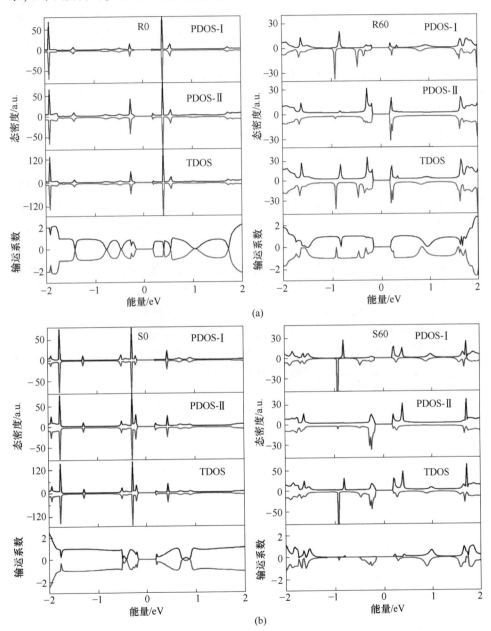

图 4-16　各体系在零偏压下的投影态密度（PDOS）、总态密度（DOS）和透射谱（T）

（a）R0 和 R60 体系；（b）S0 和 S60 体系

且自旋向上和自旋向下的态密度完全对称。而当旋转 60°时，第 I 区域的自旋投影态密度和第 II 区域的投影态密度不再一一对应，且自旋向上和自旋向下原本对称的态密度遭到破坏，这必然会引起自旋分裂现象。可见，对于 R 和 S 体系，可以通过旋转中间散射区吸附的石墨烯纳米片使原本自旋简并的体系变成自旋非简并，这种自旋非简并来源于中间散射区两边缘的不对称性。我们进一步比较图 4-16（a）和（b）可以发现，若第 I 区域的投影态密度峰与第 II 区域的投影态密度峰对应的位置，在 R 体系则对应于透射谱中的谷，而在 S 体系则对应于透射谱中的峰。

4.2.3　研究结论

综上所述，利用第一性原理密度泛函理论和非平衡格林函数的方法研究了锯齿形石墨烯纳米带结自旋极化输运的性质，首先，研究断裂的锯齿形石墨烯纳米带通过吸附石墨烯纳米片构成的分子结，其吸附的交叠面积对自旋极化输运的影响，分别探讨了对称和非对称两种吸附形式。研究结果表明，两种吸附形式体系仍呈现半导体输运特性，并随着交叠碳原子链的减少，体系的对称性变差，导致了自旋极化分裂的加剧。并且，对于对称吸附，中间石墨烯纳米片边缘吸附时，体系的输运性能最好。而对于非对称吸附，中间石墨烯纳米片中间吸附时，体系的输运性能最好。其次，通过旋转中间石墨烯纳米片的研究表明，在完整石墨烯纳米带上，中间石墨烯纳米片的旋转对其自旋极化输运的影响很小，而在断裂的石墨烯纳米带上，中间石墨烯纳米片的旋转对其自旋极化输运的影响巨大。这些研究结果为制备石墨烯电路及其器件提供了理论参考。

5 类石墨烯二维纳米材料
输运性质与调控的研究

5.1 锯齿形边缘石墨炔纳米带分子纳米结中的自旋输运性质

碳是地球上最基本的元素之一，具有 sp、sp^2 和 sp^3 杂化键，因此它可以形成各种碳材料同素异形体，如 0D 富勒烯、1D 碳纳米管、2D 石墨烯和其他新的 2D 材料。这些块状碳同素异形体为制造具有新功能的高性能碳材料提供了多种新颖的结构模式。特别是，石墨烯，一种具有 sp^2 键合结构和高度对称网络以及有趣的自旋相关行为的单原子厚度，在过去十年中吸引了广泛的兴趣。然而，石墨烯是一种半金属材料，严重限制了其在半导体电子器件中的应用。通过沿直线裁剪石墨烯片，可以获得两种典型的准一维石墨烯纳米带（GNR）：扶手椅形和锯齿形边缘 GNR（AGNR 和 ZGNR）。根据第一性原理理论计算，根据其宽度，AGNR 可以是金属或半导体，通过使用外部电场或化学修饰，ZGNR 可以是反铁磁（AFM）、铁磁（FM）和非磁性状态。特别是，ZGNR 被认为是自旋电子学电路中石墨烯基传输元件的潜在实现，如半金属性和磁电效应。

石墨炔是一种新颖的碳的同素异形体，在石墨炔的不同位置插入具有不同比例的乙炔键 —C≡C— 会产生许多新奇的现象，这引起了科研工作者相当大的研究兴趣[259,260]。与石墨烯相似，石墨炔也是一种单原子厚片，具有 sp 和 sp^2 杂化碳键，从而产生了多种不同几何形状的晶格类型[261]。实验结果表明，石墨炔可以通过六乙炔苯的交叉偶联反应合成。根据乙炔键的百分比不同，可得到 4 种不同类型的石墨炔，分别命名为 α-、β-、γ-和 6,6,12-石墨炔，其中乙炔键的比例分别为 100%、66.67%、33.33%和 41.67%。第一性原理的电子结构计算表明，α-, β-和 6,6,12-石墨炔在费米能的能带结构中具有 Dirac 锥[262,263]。Dirac 锥的存在赋予了石墨炔大量优异的自旋电子性质。此外，最近报道的 δ-石墨炔比实验合成的石墨炔具有更低的形成能，其能带结构中的 K 点和 K'点与石墨烯非常相似，在费米水平附近有 Dirac 锥。然而，2D-γ-石墨炔被预测为一种直接带隙为 0.46~1.22eV 的半导体[264,265]。

此外，还报道了石墨炔纳米带（GYNRs）及其薄膜的合成研究[266]。同时，研究了 α-和 γ-GYNRs 的电子结构和磁性能。结果表明，扶手椅型边缘 α-或 γ-GYNRs（Aα-/γ-GYNRs）为非磁性半导体。而锯齿形边缘 α-GYNRs（Zα

GYNRs）具有反铁磁（AFM）半导体，每边都有铁磁极化电子自旋，相反两边则有反铁磁耦合。也有报道称，沿直接锯齿形钝化 H 原子的锯齿形边缘 γ-GYNRs（Zγ-GYNRs）显示出与 AFM 基态的 ZGNRs 和 α-GYNRs 类似的情况，金属 FM 和 NM 态在 Zα-/γGYNRs 的费米能级处具有双重简并平带。

为了扩大石墨炔纳米材料的应用范围，有必要对其电学和磁特性进行调控。众所周知，碳材料是自旋电子元件的候选材料，ZGNRs 或 ZGYNRs 由于特殊的边缘状态和磁性。值得提到的是，基态 ZGNRs 或 ZGYNRs 可以更改为铁磁状态或通过一个外部磁场生成石墨炔 EuO 层[267,268]。因此，ZGYNRs 也可以作为石墨炔基分子器件的先导材料。此外，近年来利用高能电子束可以从石墨烯薄片上雕刻出独立碳原子链（CAC），因此可以认为，在实验中也可以采用类似的方法从石墨炔中得到 CAC。因此，结合 CACs 研究 ZGYNRs 的电子输运和磁输运性质是很有意义的。在这里，本书利用第一性原理量子输运计算方法，系统地研究了带有 ZδGYNR 和 ZγGYNR 电极的 CAC 夹层的 ZGYNRs 基分子器件的自旋分离输运性质和电流-电压（I-V）特性。有趣的是，这些设计的器件具有自旋多功能性，如良好的负微分电阻（NDR）性能，最大峰谷比可达 9.10×10^3，出色的自旋滤波，自旋极化率接近 100%，整流率可达 10^4。结果表明，基于 GYNR 的分子器件在全碳自旋电子学领域具有一定的应用潜力，这将进一步促进石墨炔在自旋电子学和自旋热电子学领域的发展。

5.1.1　石墨炔分子器件的结构设计和计算模型的构建

图 5-1（a）和（b）分别显示了 4-ZδGYNR 和 4-ZγGYNR 在 AFM、FM 和 NM 态的能带结构。可以发现，自旋非极化和自旋极化计算决定了 ZGYMRs 的基态。计算结果表明，这些带在非磁性（NM）状态下具有明显的金属性质，在铁磁（FM）状态下具有明显的自旋分离，而在 AFM 状态下能带是自旋简并的。计算的总能表明，AFM 态是 3 种磁态中 4-ZδGYNR 和 4-ZγGYNR 的基态，AFM 中 4-ZδGYNR 和 4-ZγGYNR 的总能略低于 FM 态和 NM 态。因此，在 4-ZδGYNR 和 4-ZγGYNR 中，通过外加横向电场或磁场，可以很容易地将 AFM 的基态转变为 FM 态。金属 FM ZδGYNR 和 ZγGYNR 在构建自旋电子和分子器件的电极材料中具有重要的应用。这些性质与 ZGNRs 非常相似。

然而，4-ZδGYNR 和 4-ZγGYNR 的能带结构特征有很大的不同。图 5-1（a）中 4-ZδGYNR 构型的价带最大值（VBM）和导带最小值（CBM）总是在布里渊区（BZ）Γ 点附近相遇，当波矢量 k 从 Γ 点偏离时，这两个边缘态混合形成键（π 子带）和反键（π* 子带）。AFM 态 4-ZδGYNR 的能带结构自旋简并，在两边 AFM 耦合下打开了 0.3eV 的直接能带隙，两边均为铁磁有序边态，而在 FM 中变为金属态，具有明显的自旋分离。自旋向上的 π* 子带向下移动，如图中的实线所示，而自旋向下的 π 子带向上移动（虚线）。对于图 5-1（b）中的 4-ZγGYNR，除了 FM 态时费米能级的 z 点附近有一个双简并的平边带外，电子性质与 4-ZδGYNR 相似。本书主要考虑构型中 σ 镜对称的 z 形线数目，π 子带和 π* 子带的波函数在电子分布中表现出明显的奇偶性质。这将有效地影响在有限偏压下的电子传输谱。

此外，4-ZδGYNR 和 4-ZγGYNR 的 AFM 态和 FM 态的自旋密度分布分别如图 5-1（c）和（d）所示，其中密度的自旋向上和自旋向下分别用黄色和浅蓝色表示。可以发现，FM 态和 AFM 态的原子磁矩都集中在边缘，磁化强度从边缘到内部经历了快速衰减。此外，在 4-ZδGYNR 构型和 4-ZγGYNR 构型下，带状两端碳原子的自旋力矩方向一致，而 AFM 态两端碳原子的自旋力矩方向相反。这一现象很可能与之前研究的 ZGNRs 和其他类型的 ZGYNRs 相似。

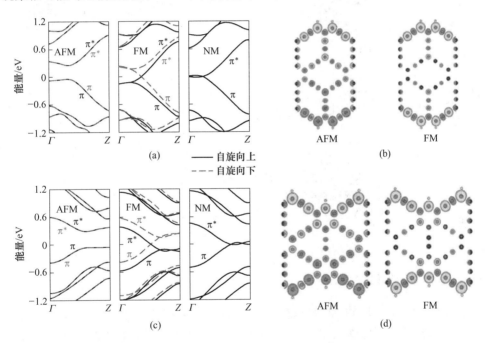

图 5-1 ZδGYNR 和 ZγGYNR 能带结构、自旋密度分布图

（a）ZδGYNR 在 AFM、FM 和 NM 态的能带结构；（b）ZγGYNR 在 AFM、FM 和 NM 态的能带结构；
（c）ZδGYNR 在 AFM 和 FM 状态下的自旋密度分布图；
（d）ZγGYNR 在 AFM 和 FM 状态下的自旋密度分布图

因此，根据 4-ZδGYNR 和 4-ZγGYNR 的电子行为，为自旋电子应用研究 GYNR 基结器件的自旋分离电子传输行为是必要的。本书主要设计了三个模型来观察它们电荷传输中的自旋分离特性。每个器件可分为左电极、散射区和右电极三部分，半无限大电极由两个重复碳单元包描述。分子器件如图 5-2 所示，其中一个碳原子链与8个碳原子（C8）共价桥接在两个 ZGYNR 电极之间。由于碳链长度对 GYNR 器件的自旋输运行为影响不大，所以本书只考虑长度为8的碳链。更准确地说，当中心碳链连接到不同的 GYNR 电极时，有3种可能的构型：（1）C8连接到两个 4-ZδGYNR 电极；（2）C8 连接两条 4-ZγGYNR 电极；（3）C8 连接 4-ZγGYNR 左电极和 4-ZδGYNR 右电极。为方便起见，将图 5-2（c）～（e）中的三种模型分别命名为 M1、M2 和 M3。由于两个 FM ZGYNR 电极的磁化方向可以是平行的（P）或反平行的（AP），因此每种器件可以有两种自旋构型：P 自旋构型和 AP 自旋构型。

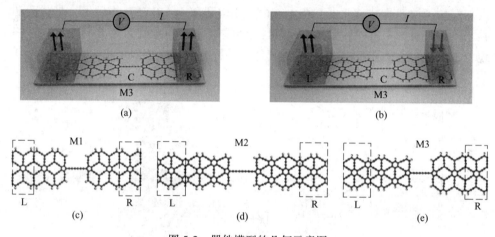

图 5-2　器件模型的几何示意图

（a）平行自旋构型 ZδGYNR；（b）反平行自旋构型 ZγGYNR；

（c）基于 ZδGYNR 的 M1 对称模型；（d）基于 ZγGYNR 的 M2 对称模型；

（e）基于 ZδGYNR 和 ZγGYNR 的 M3 非对称模型

5.1.2　计算结果讨论与分析

计算了器件在 P 和 AP 自旋构型下的自旋分离电子透射谱，并分别绘制在图 5-3（a）～（f）中。结果表明，所有模型在 P 自旋构型下的透射谱都具有明显的自旋分离。在图 5-3（a）、（c）和（e）中，所有自旋向上的光谱都呈现出宽而强的峰，而自旋向下的光谱则在费米能附近完全被抑制。这意味着自旋向上的电子可以很容易地通过器件，而自旋向下的电子则被严重抑制，P 自旋构型具有明显的单自旋导电特征。然而，当 AP 自旋设置中自旋向上和自旋向下的传输光谱在费米处被严重抑制时，这种情况发生了改变。此外，在图 5-3（b）和（d）中，M1 和 M2 自旋向上和自旋向下的透射谱在（−1.2eV，1.2eV）的能量范围内几乎是简并的，而在图 5-3（f）中，对于设计的非对称构型 M3，它们是明显的自旋滤波。为了分析图 5-3 中自旋输运零偏压传输中的自旋滤波效应，我们分别在图 5-4（a）~（c）中描绘了 M1、M2 和 M3 在费米处的传输路径。结果表明，M1、M2 和 M3 的传输路径在 P 自旋构型中都是离散的，而在 AP 自旋构型中则是局域在器件的右侧。这些现象表明，自旋分离的电子在 P 自旋构型下可以很容易地从一个电极传输到另一个电极形成电流，而在 AP 自旋构型下则很难通过体系。因此，在费米能级处，P 自旋构型系统的输运谱大于 AP 自旋构型系统的输运谱。

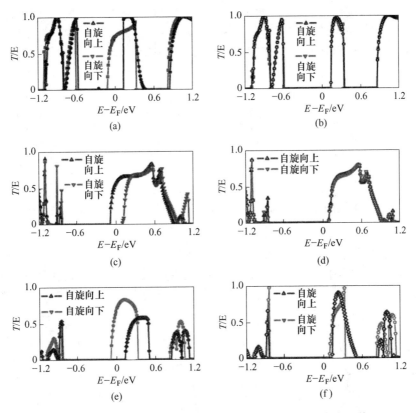

图 5-3 P 和 AP 自旋态下 M1、M2 和 M3 的零偏压自旋输运谱

（a）M1-P；（b）M1-AP；（c）M2-P；（d）M2-AP；（e）M3-P；（f）M3-AP

与此同时，还计算并绘制了图 5-5（a）~（f）中三种模型 P 和 AP 自旋构型的自旋极化电流与施加的外部偏压在 -1.2V 到 1.2V 的函数。从左到右，图 5-5（a）、（c）和（e）给出了 M1、M2 和 M3 的 P 自旋构型的自旋分离 I-V 曲线，其 AP 状态分别如图 5-5（b）、（d）和（f）所示。然后我们总结了它们自旋的明显特征：

（1）自旋滤波效应：自旋向上和自旋向下的 I-V 曲线明显分离，显示出有趣的自旋滤波效应。更重要的是，在 P 态下，偏压处于 -0.5V 到 0.5V 时自旋向上

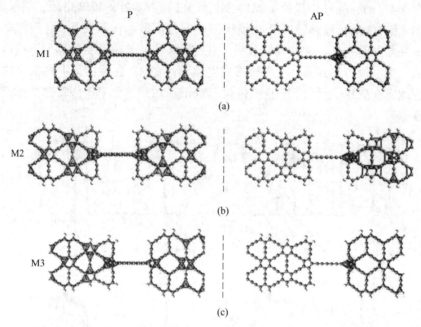

图 5-4 在 P 和 AP 自旋态的零偏压下，M1、M2 和 M3 的传输路径图

(a) M1; (b) M2; (c) M3

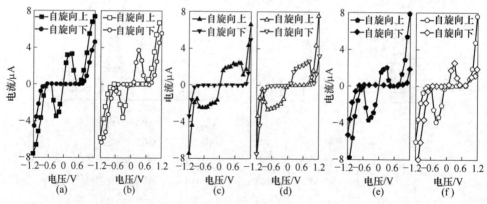

图 5-5 P 和 AP 自旋态中 M1、M2 和 M3 器件的电流-电压图

(a) M1-P; (b) M1-AP; (c) M2-P; (d) M2-AP; (e) M3-P; (f) M3-AP

的电子导通而自旋向下的电子被完全抑制，这表明 P 自旋状态下呈现完美的自旋分离特性。然而，AP 状态的情况发生了一些变化。与 P 态相比，负偏压下的自旋电流与正偏压下的自旋电流变化较小，而正偏压下的自旋电流被抑制，自旋向下的电子容易通过器件。负偏压下自旋向上电流和正偏压下自旋向下电流的单自

旋电导行为表明了一个有趣的双自旋分离特性与自旋二极管效应。换句话说，通过调控电极的自旋状态，可以在这些 GYNR 结中获得两个纯自旋电流，这是实际应用中非常需要的。

（2）高自旋过滤行为：P 和 AP 自旋构型中均存在单自旋传导的自旋过滤效应。图 5-6 计算了自旋滤波效率（SFE）。电流的自旋滤波效率（SFE）由以下公式计算得出：

$$SFE = (I_\uparrow - I_\downarrow)/(I_\uparrow + I_\downarrow)(V_b \neq 0)$$

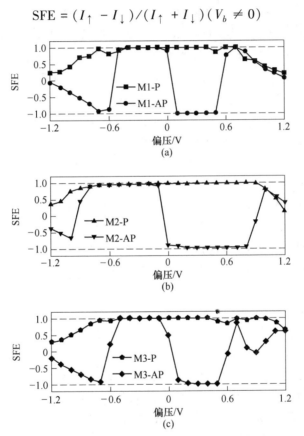

图 5-6　M1、M2 和 M3 在 P 和 AP 态下的自旋过滤效率（SFE）
（a）M1；（b）M2；（c）M3

对于零偏压下消失的电流，用两种自旋构型的费米能处对应的零偏压透射系数来代替：

$$SFE = [T_\downarrow(E_F) - T_\downarrow(E_F)]/[T_\uparrow(E_F) + T_\downarrow(E_F)](V_b = 0)$$

可以看到，在 P 自旋设置中，M2 的 SFE 在 $-0.9V$ 到 $0.9V$ 的大偏压范围内几乎是 100%。而 AP 态的 SFE 与 P 自旋状态下的 SFE 相差很大。SFE 在负偏压为 $-0.2V$ 到 $-0.8V$ 时保持 100%，在正偏压为 $0~0.8V$ 时反转为 -100%。在如此宽的偏压范围内，良好的 SFE 行为在自旋电子器件中具有重要的实际应用价值。同时，在偏压为–0.5V 到 0.5V 的两种自旋状态下，M1 和 M3 系统也能获得较好的 SFE 效应。

（3）自旋负微分电阻（SNDR）：所有设计的模型器件在 P 和 AP 自旋构型中均存在明显的 SNDR 效应。M1 和 M2 的对称结构在 P 态下，自旋向上和向下的电流依据正负偏压下是对称的，而在 AP 态时，自旋向上（向下）电流在负偏压下类似自旋向下（向上）的相同大小的正偏压下的是类似的。两种磁态下 M1 和 M2 的 $I\text{-}V$ 曲线均表现出明显的 SNDR 效应。例如，M1 的自旋向上电流在小的偏压下增加。在 P 自旋构型下在 $V_b = 0.3V$ 时达到最大值 3.23μA，而在 $V_b = 0.5V$ 时进一步增加外偏压时迅速下降到 4.99×10^{-3}μA。这带来了一个典型的 SNDR 效应，在正偏压下自旋向上电流的峰谷比（PVR）高达 647。在 P 自旋构型中，M1 在负偏压范围内的 PVR 可达 1346。AP 自旋设置中，M1 负偏压区域自旋向上的 PVR 仅为 83.78，而正偏压区域自旋向下的 PVR 可达 522.54。然而，在 P 和 AP 自旋设置中，自旋分离 PVRs 在 M2 的考虑偏压范围内均小于 10。对于 ZδGYNR 和 ZγGYNR 左右电极的非对称结构 M3 而言，其自旋向上电流在正、负偏压大小相同的情况下并不对称。在 $V_b = 0.3V$ 时 M3 的自旋向上电流最大值为 1.91μA，在 $V_b = 0.6V$ 时最小值为 8.41×10^{-4}μA，使 PVR 在正范围内达到 2.27×10^3。M3 在负偏压区域的自旋向上 PVR 仅为 8.22。在 AP 自旋态中也可以发现类似的情况。在正偏压区，自旋向下电流的 PVR 最大值可达 9.10×10^3，而在负偏压区，自旋向上电流的 PVR 值仅为 140.14。具有高 PVR 的 SNDR 效应是存储器件、倍频器、快速开关电路和高频振荡器等电子电路的基础。

（4）整流效应：如图 5-7 所示，在 AP 自旋结构中，三种模型在正偏压下的自旋向下电流远大于负偏压下的自旋向上电流。非对称的 $I\text{-}V$ 曲线表明 AP 自旋构型模型的高比值具有很好的整流效果。因此，在图 5-7 中绘制了三种具有 AP 自旋设置的设计模型的整流比（RR）。从图 5-7 中可以看出，在非对称结构 M3 中，自旋向上电流在 0.3V 时的最大 RR 为 1.5×10^4，在图 5-7（c）中，自旋向下电流在 0.1V 时的最大 RR 为 4.88×10^3，在较高的偏压下，RR 有降低的趋势。因此，AP 自旋设置中 M3 的低偏压区域具有明显的整流效果，且 RR 值较高。此外，M1 的整流效果也非常显著，在图 5-7（a）中，当 M1 的自旋向上、自旋向下偏压为 0.4V 时，M1 的最大 RRs 分别达到 1.85×10^3 和 5.19×10^3。然而，与 M1 和 M3 器件相比，M2 的 RRs 相对较小。在 0.7V 和 0.2V 的偏压下，自旋向上和自旋向下的 RRs 最大值分别为 179.17 和 67.13。在 GYNR 器件中，具有良好的高 RR 整流效果，可以实现理想的自旋二极管。

透射本征态能够有效地用于研究各种量子输运现象的微观机理。图 5-8（a）和（b）分别显示了 M3 器件 AP 和 P 自旋构型在 0.3V 偏压下的透射本征态。可

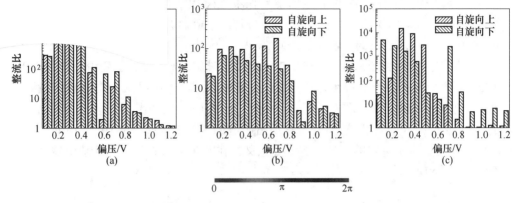

图 5-7　AP 自旋构型 M1、M2 和 M3 模型自旋向上和自旋向下的电子整流比

（a）M1-AP；（b）M2-AP；（c）M3-AP

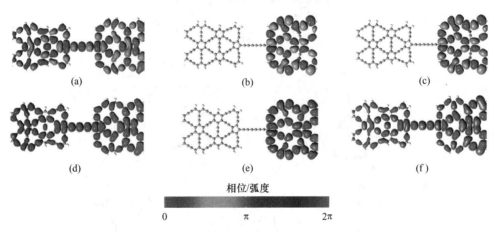

图 5-8　M3 的传输本征态

（a）$V_b = 0.3V$，AP，自旋向下；（b）$V_b = 0.3V$，AP，自旋向上；（c）$V_b = 0.3V$，P，自旋向下；

（d）$V_b = 0.3V$，P，自旋向上；（e）$V_b = -0.3V$，AP，自旋向下；（f）$V_b = -0.3V$，AP，自旋向上

以看到自旋向下的传输本征态是离散的，而自旋向上的传输本征态则完全局域在器件的右侧。因此，自旋向下的电子在电流中占主导地位，这对应于图 5-5 中的 *I-V* 曲线。在 P 自旋构型中，自旋向下的电子完全位于 M3 的右侧，自旋向上的电子在 0.3V 的偏压下完全离散。

　　此外，图 5-8（e）和（f）中传输本征态的分离与图 5-8（c）和（d）相似，在 AP 自旋构型中，偏压为 -0.3V 时 M3 的自旋向上离散和自旋向下局域的传输本征态。因此，在 AP 和 P 自旋构型中，M3 的透射本征态分布表明其具有很好的自旋滤波效应。图 5-8（a）中偏压为 0.3V 的离散自旋向下传输本征态与

图 5-8（e）中偏压为-0.3V 的自旋向下传输本征态相结合，表明 M3 具有良好的整流效果。M3 的情况与 M1、M2 相似。同时，NDR 效应可以用 AP 自旋构型中 M3 在 0.3V 和 0.7V 时的传输路径来解释。

可以看到，当偏压从 0.3V 到 0.7V 变化时，通过器件的电子变少，在图 5-9 中 0.7V 的情况下，电流很小。在 0.3V 的情况下，电子可以从一个电极传输到另一个电极形成电流，如图 5-9（a）所示，而在 0.7V 的情况下，电子表现出大量的局域行为，电流几乎被抑制，表现出明显的 SNDR 效应。SNDR 效应对自旋振荡器或自旋电子电路的设计具有重要意义，在许多不同的分子磁性纳米器件中都发现了 SNDR 效应。

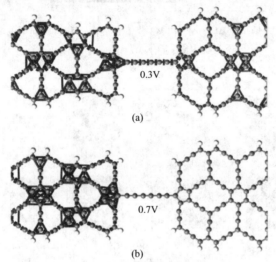

0.3V

(a)

0.7V

(b)

图 5-9 在 AP 自旋态下，M3 在不同偏压下的电子传输途径图
(a) 0.3V；(b) 0.7V

5.1.3 研究结论

通过研究 4-Zδ/γGYNR 的不同磁态电子能带结构以及 GYNR 基纳米结的自旋分离输运性质，发现 Zδ/γGYNR 可以是非磁性、铁磁性或反铁磁性半导体，这与 ZGNRs 非常相似。自旋分离输运实验结果表明，在 P 和 AP 自旋态下，该模型器件可以在零偏压下实现完美自旋极化。此外，在设计的系统中，可以获得在宽偏压范围内具有较大 SFE 的自旋滤波电流，并且 M2 的 SFE 在费米能附近的大偏压范围内接近 100%。基于 ZGYNR 的器件具有明显的高 PVR 比 SNDR 效应和高 RRs 整流效应，特别是 M3 的非对称结构。从系统的自旋分离透射谱、透射路径和不同偏压下的透射本征态等方面分析了上述结果的机理。总之，设计的自旋多功能性模型在基于 GYNR 的电子分子器件中具有巨大的应用潜力。

新的二维材料被广泛认为是一种有前途的候选材料，它将彻底改变大量的器件应用，使传统的硅基器件最小化。其中，石墨烯是由单层 sp^2 杂化碳原子构造而成的最早也是最受欢迎的材料。石墨烯优异的物理和化学性质使其在功能电子、自旋电子和光电子器件中有着广泛的应用[271,272]。然而，它的无间隙和半金属特性严重限制了它在实际器件应用中的潜力。磷烯，也是一种稳定的二维元素材料，与石墨烯相比有几个优点。其高载流子迁移率、高开关比和明显的各向异性输运特性使其在未来的电子和光电子学中具有重要和潜在的应用前景[271]。近年来，磷化烯的热学、力学和电子性能得到了广泛的研究。Cai 的团队研究了含空位的磷光体的热性能，发现在 70K 或以下的低温下，磷光体表现出高度的流动性和各向异性运动[272]。而且，他们研究了磷烯的力学性质，并证明单层磷烯具有巨大的声子各向异性，可以通过应变工程进行有效的调节[273]。对于电学性质来说，一个简单的方法是应用一个垂直电场来调节磷光体的带隙[274]，这在近年来几乎已经完全解决了。此外，Yarmohammadie 的团队还利用紧束缚哈密顿量模型、Born 近似和 Greens 函数逼近方法对磷烯的磁性和光电性质进行了理论研究。然而，环境空气条件下磷素的快速降解给磷素基器件的应用带来了巨大的挑战[275,276]。且由密度泛函理论（DFT）计算或实验测量的 TMDs 载流子迁移率相对较低，严重限制了其在纳米电子学中的广泛应用[277]。

由于碳和磷元素都能形成稳定的二维石墨烯和磷化层，这已经被广泛研究，因此研究复合磷化碳是否也能作为单分子层稳定且显示性能优于这两种成分是非常有趣的。受完美二维石墨烯与磷烯相似的六边形网络和三重配位结构的启发，为了补充石墨烯和磷烯的电子性质，对稳定的磷化碳单层膜进行了深入的理论和实验研究[278,279]。通过第一性原理计算，理论预测 CP 单层可以是金属的、半金属的或半导体的。结果表明，CP 层存在少量稳定相，具有皱折或屈曲的六角形晶格。典型的两种同素异形体 α-CP 和 β-CP 是带隙有限的半导体。α-CP 单层膜的间接带隙为 1.26eV，β-CP 单层膜的直接带隙为 0.87eV。它们都具有高度各向异性的特性，在 Z 字形方向上的载流子有效质量远大于扶手椅方向上的有效质量，从而使载流子在扶手椅方向上更容易迁移。理论和实验证明，在室温下，具有几层的 CP 场效应晶体管（FET）具有较高的空穴迁移率（1995cm^2·V^{-1}·s^{-1}），与石墨烯的空穴迁移率相当，远高于磷烯和 TMDs 的最大值[280]。此外，Guan 的团队报道了潜在的 CP 相，这些不同的相是由石墨 C 中的 sp^2 键合和 P 原子中的 sp^3 键合之间的竞争造成的。然后，Rajbanshi 的团队通过第一性原理计算，从理论上证实了一些新提出的 CP 相的稳定性[281]。Zhang 的团队研究了分子掺杂对 CP 单层膜电子和光学性质的影响[282]。因此，新的 CP 系列在未来的电子学和光电子学中显示出巨大的应用潜力。

在单层 CP 的实验制备方面，人们做了许多努力。其中，α-CP 是由 C 原子掺杂到磷中[283]，已经在实验中合成。CP 具有较大禁带隙的褶皱蜂窝结构，具有高度各向异性的力学和电子性能。就像石墨烯一样，人们可以通过将石墨烯薄片沿直线切割得到两种准一维 CP 纳米带：扶手椅状和锯齿形 CP 纳米带。根据第一性原理计算，CP 带显示金属或半导电特性取决于其宽度和边缘结构。之前的一项研究表明，扶手椅 CP 纳米带总是表现出半导体的行为，而锯齿形 CP 纳米带表现出截然不同的行为，这取决于两端的边缘终端结构。例如，Cao 的团队深入研究了锯齿形 CP 纳米带的电子性质和自旋电子应用，他们还研究了不同边缘功能化的电子性质[284,285]。此外，他们还证明了带有两个 P 端边的 CP 纳米带比其他两种类型的端边原子更稳定。这里对 CP 纳米片的可调谐能带结构以及 CP 纳米带的电子结构和输运性质进行了全面的第一性原理研究。结果表明，外部应变能有效地调节 CP 纳米片的能带结构，锯齿形边缘 CP 纳米带的电子性质对条带宽度和边缘端十分敏感。此外，锯齿形边缘 CP 纳米带的模型器件存在 NDR 效应和整流效应。

5.2.1 模型结构和计算方法

利用具有 Perdew-Burke-Ernzerhof（PBE）交换相关泛函的广义梯度近似（GGA）中的平面波基集，利用 VASP 包进行了结构弛豫和电子结构计算，截止能量设置为 500eV，CP 纳米片和纳米带的布里渊区采点分别为 23×23×1 和 1×1×23。结构优化后，CP 纳米带模型的 8 个单位电极用于构造电子器件的散射区运用了计算软件包 Atomistix 工具包（ATK 公司），这个软件通过使用完全自洽方法采用基于密度泛函理论（DFT）结合非平衡格林函数方法，结合 GGA-PBE 函数和 DZP 基集。布里渊区采点分别在 x、y 和 z 方向用 1×1×100 的 Monkhorst-Pack 网格，z 轴为纳米带长度的方向。截止能量的网格积分定义为 150Ry，哈密顿量和电子密度的收敛准则为总能量误差不超过 10^{-5}eV。此外，所有真空层至少使用了 1.5nm，以避免周期图像之间的层间相互作用，并在所有计算中将费米能级设为零。

5.2.2 结果与讨论

5.2.2.1 外力作用下 CP 纳米片的电子结构

本书首先研究了在不同外力作用下 CP 纳米片的电子结构。图 5-10（a）为二维 α 相 CP 纳米片的几何结构。在 a 和 b 两个周期方向上，优化得到的基本晶格常数分别为 0.2915nm 和 0.8685nm，与前人的研究结果吻合较好[286~289]。根据 Sorkin 团队的报告，应力-应变曲线沿着 Z 字形方向比沿着扶手椅方向要陡峭得多。因此，本书选择 $a=0.8745$nm 和 $b=0.8685$nm 作为原始结构来研究应变对 α-CP 纳米片的影响。从图 5-10（b）的能带结构可以看出，2D CP 纳米片是一个间接带隙为 0.66eV 的半导体，这与前面的结果[290]是相吻合的。图 5-10（c）中的态密度（DOS）表明，价态主要来源于 P，而传导态主要由 C 原子组成。此外，P 和 C 原子的投影态密度（PDOS）主要来源于 p 轨道，特别是它们的 p_z 轨道。同时，P 的 s 轨道在 PDOS 中有一定的贡献，而 C 的 s 轨道在能量区域内几乎为零。由于 CP 单分子层的晶体结构与黑磷的晶体结构相似，一个有趣的问题是：CP 纳米片的电子结构是否也像磷一样对面内应变敏感，当施加轴向应变时，由于直接到间接过渡而经历带隙。本书将通过提供一个张力-应变关系和全面分析应变对 CP 纳米片能带结构的影响来回答这个问题。

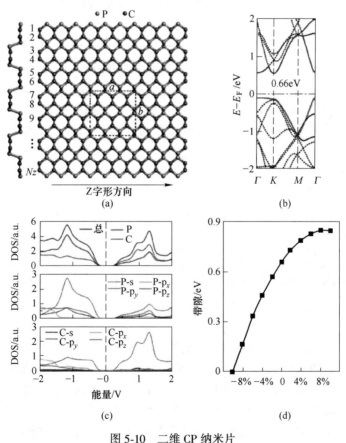

图 5-10 二维 CP 纳米片

（a）几何结构；（b）能带结构；（c）总 DOS 和 P、C 原子以及
p_x，p_y，p_z 轨道的投影态密度；（d）不同压力下的 CP 纳米片带隙的变化

应变可以看作施加在纳米材料上的弹性场，通过弹性场与晶体场的相互作用来调节纳米材料的物理性能。图 5-10（d）和图 5-11 通过揭示带隙结构随应变的演化，观察带边的移动，分别显示了−10%至+10%不同应变和压缩条件下的带隙分离及其带结构。分布在费米能级附近的导带最小值（CBM）和价带最大值（VBM）用蓝色和红色表示，−和+表示压缩和拉伸应变。态分布在费米能级附近，如图 5-11 所示。此外，所有声子分支的频率在整个布里渊区都是正的。三个声学分支呈线性分散，说明二维 CP 纳米片在−2%、0、+2%应变下不仅具有很强的相互作用，而且具有较高的热力学稳定性。所有的 CP 纳米片带隙对应变敏感，而在双轴应变作用下，VBM 带的位置几乎没有变化，导致其带隙从左向右逐渐增大，如图 5-11 所示。在二维 CP 纳米片的能带结构中观察到带有间接带隙的半导电行为。由于 CP 纳米片的皱折方向垂直于外加应变方向，因此随着键数的增加，压缩模式逐渐转变为键拉伸模式。C—P 键、C—C 键和 P—P 键的长度最初略大，随着应变从−10%增加到+10%，应变的增加变得更快，键间的相互作用越来越弱，表明间隙增大，如图 5-10（d）所示。图 5-10（d）计算了不同偏压下间隙的变化趋势，从压缩（−10%）到拉伸（+10%），带隙有明显的增加趋势。在+10%应变下，最大间隙达到 0.85eV，在−10%应变下，最小间隙为零。这一有趣的现象正好与 2D InSe 相反，而与 2D MoS_2、GeS、GeSe、磷烯以及它们的 vdW 异质结有很大的不同。因此，本征间接带隙半导体行为几乎不依赖于施加的双轴应变，但高的带隙可调性表明单层 CP 纳米片在低双轴应变下的力学行为具有半导电性。

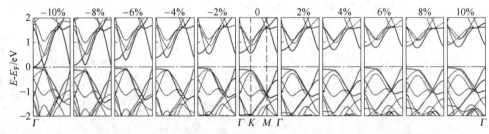

图 5-11 二维 CP 纳米片在不同双轴应变下的能带结构

5.2.2.2 锯齿形 CP 纳米带器件的输运特性

随着对石墨烯纳米带（GNRs）和黑磷纳米带的电子性质的深入研究，发现纳米带的电子结构和输运性质对边缘构型和宽度具有敏感的依赖性，因此研究不同宽度 α-CP 纳米带的电子性质和输运性质具有重要意义。由于扶手椅 α-CP 纳米带具有半导体性质，这里主要采用密度泛函理论模拟方法，结合非平衡格林函数输运模型，研究了锯齿形边缘 CP 纳米带的能带结构和输运性质。Landauer-Buttiker 公式用来计算当前当 L 和 R 电极之间施加电压 V_b，设定 $\mu_R = eV_b/2$ 且

$\mu_L = eV_b/2$。沿锯齿形边缘主要有两种不同的原子，锯齿形 α-CP 纳米带可分为三种不同风格的终端。图 5-12 显示了三个典型的锯齿形边缘 α-CP 纳米带：N5-CP、N6-PP 和 N6-CC，N 表示锯齿形纳米带的宽度，用黑色实线绘制的矩形表示单元格，CP、PP、CC 的锯齿线末端为单线 C 原子加单线 P 原子、双边 P 原子和双边 C 原子。也就是说，不同的宽度对应不同的边缘类型。此外，所有边缘 P 和 C 原子都用 H 原子钝化。

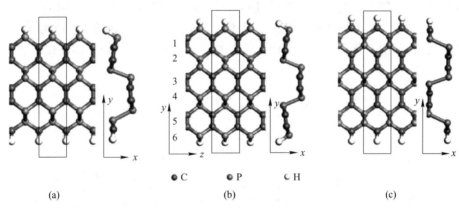

图 5-12　不同宽度 CP 纳米带的优化几何结构
（a）N5-CP；（b）N6-PP；（c）N6-CC

　　由于 CP 纳米带具有皱缩的蜂窝结构，因此出现了两种不同的对称，一种是 N 为奇数时的旋转对称，如 N5-CP 结构，另一种是 N 为偶数时的镜像对称，如 N6-PP 和 N6-CC 结构。同时，不同宽度和边缘构型的锯齿形边界 α-CP 纳米带的电子结构如图 5-13 所示，标记数字 "1~4" 对应其 Γ 点处的各带波函数。可以看到，N(奇)-CP 和 N(偶)-CC 结构总是表现出如图 5-13（a）和（c）所示的金属行为，而 N(偶)-PP 结构是半导体，如图 5-13（b）所示。更具体地说，可以看到一个有趣的能带跨越费米能级，导致 N(奇)-CP 结构的金属行为。从 "1" 在 Γ 点处对应的波函数轮廓可以看出，金属态主要集中在 C 端边缘，在图 5-13（a）的右侧，标记的数字相同。此外，N(奇)-PC 纳米带的宽度对费米能量附近的能带结构影响不大。具有 P 端边的等宽纳米带的能带结构表现出带隙的半导体性质。"2" 波函数的轮廓显示 N6-PP 结构在 Γ 点处没有导电状态。本书还在图 5-13（b）右侧计算并绘制了不同 N(偶)-PP 结构的带隙。随着 N(偶)-PP 宽度的增加，CBMs 逐渐向费米水平转移，导致间隙减小。这种现象与锯齿形 GeSe 纳米带非常相似。但减小的间隙达到 0.66eV，二维 CP 纳米片随着宽度的增加带隙保持不变，表明边缘效应在纳米带中消失。可以发现只有 N4-PP 和 N6-PP 纳米带是直接带隙半导体，而其他 N(偶)-PP 纳米带是间接带隙半导体。因此，可以得出结论，无论 N(偶)-PP 纳米带的宽度如何，都是半导体。与 N(偶)-PP 纳米带相反，图 5-13（c）中的能带结构表明，所有的 N(偶)-CC 纳米带都是金属的，且与石墨烯类似在费米能级上有两个能带。波函数的轮廓表明，"3" 态主要集中在 P 原子的边缘，而 "4" 态则完全离域在 N6-CC 纳米带上。随着 N(偶)-CC 纳米带宽度的进一步增大，CBM 和 VBM 均向费米能级转移，导致 N(偶)-CC 纳米带具有更强的金属行为。接下来利用从头算分子动力学模拟研究了 N6-PP 和 N4-PP 的热稳定性，表明 N6-PP 和 N4-PP 带在室温下加热 3.0ps，时间步长 1fs 后原子构型和自由能的变化。在整个过程中，既没有发现几何重构，也没有发现断键，自由能的变化也只有轻微的振荡，这表明这些带状的合成即使在 300K 下也可以稳定。

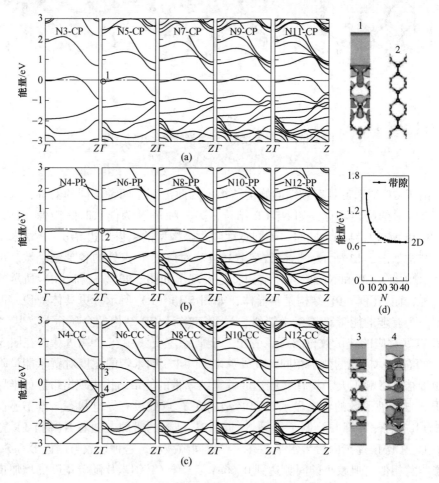

图 5-13 不同宽度的准一维 CP 纳米片的结构

（a）N(奇)-CP；（b）N(偶)-PP；（c）N(偶)-CC；（d）不同宽度 N(偶)-PP 结构的带隙

结果表明，H 钝化的 N(奇)-CP 和 N(偶)-CC 带为金属带，N(偶)-PP 带为半导电 CP 材料。因此，本书提出了几种平面内金属结、半导电结和金属-半导体结来研究 CP 纳米带的电子输运特性，如图 5-14 所示。每个器件可分为三部分：左电极、右电极和中心散射区。每个电极的长度为两个单元，散射区域在电子输运方向上固定为八个单元长度。利用金属 N5-CP、N6-CC 和半导电 N6-PP 纳米带可获得三种肖特基势垒。为了简单起见，本书将 N6-CC/N5-CP、N6-PP/N6-CC 和 N6-PP/N5-CP 的异质结分别命名为 M1、M2 和 M3 系统。在锯齿状边缘的 GeSe 和磷光纳米带上也进行了类似的肖特基势垒的研究，结果表明金属纳米带的长度对电子性能影响较弱。在费米面附近出现了一个强而宽的传输峰，产生了良好的导电性，在低偏压范围内 M1 的电流相对较大，这意味着系统中仍然存在较高的电子迁移率。但当施加电压达到 0.8V 或 -0.8V 时，电流迅速下降，并达到最小值，表明 M1 纳米结具有固有的负微分电阻（NDR）行为。

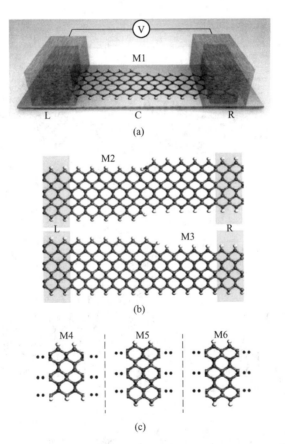

图 5-14 器件模型的几何示意图（a），N6-PP/N6-CC 和 N6-PP/N5-CP 分子节结构（b），以及原始 N5-CP、N6-PP 和 N6-CC 纳米带结构（c）

此外，还设计了三种由原始 N5-CP、N6-PP 和 N6-CC 纳米带组成的同相异构体作为对照，分别命名为 M4、M5 和 M6，简化后如图 5-14（c）所示。图 5-15（a）、（b）显示了在（-2.0V，2.0V）偏压范围的结的电流-电压（*I-V*）计算曲线，图 5-15（c）、（d）显示了上述模型器件在零偏压时的透射光谱。可以看到，M2 和 M3 系统的电流在偏压（-1.2V，1.2V）相对较小的半导体 N6-PP 区域，放大在偏压（-0.8V，0.8V）的 M3 的电流，如图 5-15（a）所示。从插图中可以看出，肖特基接触结构中出现了明显的纠偏效应。计算偏压（-0.8V，0.8V）时 M3 的整流比（RRs），发现偏压 0.6V 时最大 RRs 可达 74，而 M1 和 M2 系统的 RRs 都很小。M3 的平面内金属-半导体结表明 N6-PP 和 N5-CP 纳米带之间存在肖特基势垒。此外，在金属 N6-CC 和 N5-CP 带的偏压范围内，M1 中的电流相对较大。M1、M2、M3 的透射系数如图 5-15（c）所示。M2 和 M3 系统在 $[-0.5eV, 0.5eV]$ 能量区域附近出现明显的禁透区，但 M1 体系在费米面出现了透射峰。

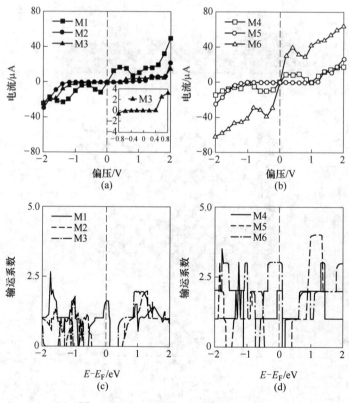

图 5-15 M1~M6 的 *I-V* 曲线及输运图

（a）（b）*I-V* 曲线；（c）（d）输运图

此外，M4、M5 和 M6 三种异构体的电流表现出其能带结构中固有的电子行为。对于金属 M4，电流出现在传输平台的低偏压范围内且在最大传输平台附近有 $2T_0$，如图 5-15（d）所示。此外，在（0.73eV，1.09eV）的能量范围内出现了一个大而宽的传输谷，导致 M4 在 0.8V 和 1.0V 的偏压下电流下降。NDR 效应再次出现，而半导体 M5 在费米能级上出现了预期的约 0.83eV 的间隙，导致电流很小。然而，在 M6 的费米能级附近出现了稳定而强的 $3T_0$ 传输平台，这是由于具有两种高度导电的锯齿形 C 端边缘态，类似于 H 钝化锯齿形石墨烯纳米带。因此，在 M6 的电流比金属 M4 和半导体的 M5 异质结的电流大得多。此外，图 5-15（b）中 M6 的 *I-V* 曲线也可以观察到一个较小的 NDR 效应。良好的 NDR 效应表明 CP 纳米带在逻辑门、放大器和高频振荡器等方面有潜在的应用前景。

NDR 效应可以通过在考虑偏压范围内 M1、M4 和 M6 结的偏压依赖透射光谱来解释，分别如图 5-16（a）~（c）所示，图中黑色的虚线表示能量偏差窗口。在偏压依赖的透射谱中，左右电极的化学势被偏压分开，均匀分布在费米能级附近。众所周知，分子器件的电流主要是由偏压窗内与偏压相关的透射光谱的积分决定的。从图 5-16（a）~（c）可以看出，随着偏压的增加，金属结的透射峰在偏压窗口内越来越弱。对于 M1，在 0.4V 的偏压下，透射系数达到最大值，在 0.8V 的偏压下，透射系数迅速下降，在偏压窗口内有两个较大的透射倾角。同样的情况也出现在 M4 和 M6 模型设备中，如图 5-16（b）和（c）所示。随着偏压电压的进一步升高，偏压窗口内的传输峰值变得更强、更宽，积分电流急剧增加。因此，这些现象说明 NDR 效应在 M1、M4 和 M6 系统中都存在。

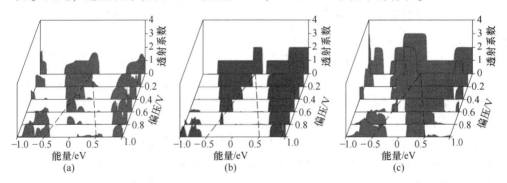

图 5-16　CP 纳米带模型器件的零偏压透射光谱

（a）M1；（b）M4；（c）M6

5.2.3　研究结论

总之，我们利用第一性原理方法全面研究了二维和准一维 CP 衍生物的可调谐带隙半导体特性和电子输运行为。结果表明，原始二维 CP 纳米片为间接带隙半导体，其禁带隙为 0.66eV，DOS 表明其导电态主要来自 P 原子和 C 原子的 pz 轨道。在二维 CP 纳米片上施加应变后，从压缩到拉伸的双轴应变均呈现出带隙增加的趋势。当拉伸应变为 +10% 时，最大间隙可达 0.85eV，当压缩应变为 −10% 时，最大间隙变为零。此外，除了零带隙的 −10% 的情况下，二维 CP 纳米片在不同的应变下均为间接带隙半导体。当 CP 纳米片被裁剪成准一维纳米带时，电子结构可以通过三种末端边缘的带宽来调制。H 钝化的 N(奇)-CP 和 N(偶)-CC 结构均表现出金属性质，而 N(偶)-PP 结构为半导体结构。波函数的分布表明，在费米能级上，N(偶)-PP 的一个有趣的子带的导电态主要来自锯齿形的 C 边，而 N(偶)-PP 的带结构则表现出半导体性质，随着纳米带宽度的增加，带隙逐渐减小。更重要的是，金属 N(奇)-CP 纳米带和半导电 N(偶)-PP 纳米带的平面接触结构可以产生肖特基势垒，从而产生纠偏效应，M3 系统在偏压 0.6V 时的最大 RR 可达 74。此外，CP 纳米带的 I-V 曲线在 M1、M4 和 M6 系统中显示了有趣的 NDR 效应，其表现为偏压窗内的偏置相关透射系数的降低。这一结果可能激发一个关于基于 CP 的电子器件的未来方向的想法，这些器件在下一代纳米器件中具有巨大的应用潜力。

5.3　低维氮化镓纳米衍生物电子结构和输运性质研究

在突破前两代半导体的瓶颈期后，近年来出现了以氮化镓（GaN）[291]、氧化锌（ZnO）、氮化铝（AlN）[292]、碳化硅（SiC）[293] 和金刚石等为代表的第三代宽带隙半导体材料。GaN 作为一种新型半导体材料，具有饱和电子迁移率高、耐辐射、耐酸碱腐蚀、导热系数高、击穿场大等优点，也是一种有利于环境保护的环保材料，其优异的性能和稳定性使其成为最具吸引力的半导体材料种类之一 [294,295]。2020 年初，小米公司的发布会上推出了一款新型的氮化镓基快速充电器，使氮化镓材料再次成为科研界热议的话题。此外，国内外的科研人员对低维 GaN 纳米材料的研究与开发也十分重视 [296~328]。

相较于块体材料，对应的低维纳米材料 [299~305] 凭借其纳米尺度效应在光电、机械、热稳定性、电学 [306,307] 以及化学特性 [308] 方面都表现出更加优异的性质。低维氮化镓纳米材料除了具有氮化镓的基本物理化学性质外，还具有表面效应、小尺寸效应和量子约束效应。然而，成功合成低维氮化镓纳米结构（锯齿形和扶手椅形纳米管和纳米带）的难度相对较大，尽管如此依然有相关的研究报道 [309,310]。Goldberger 的团队在 2003 年成功制备了以 ZnO 纳米线为模板的单晶 GaN 纳米管阵列 [311]。Xu 的团队发现 GaN 纳米晶可以保持不同的堆积排列，促进了 GaN 纳米晶 [312] 的应用。在 2016 年，Al Balushi 的团队利用迁移增强封装生长技术 [313] 成功合成了二维 GaN 单层纳米片。实验数据表明，二维氮化镓单层具有间接带隙的电学特性。

在宽带隙半导体材料中，GaN 因其相对成熟的技术一直是人们关注的焦点。低维氮化镓结构作为一种性能优良且用于电学和光学器件的材料，被进行了广泛的理论和实验研究。然而，科研界对低维氮化镓电子输运特性的理论研究仍然相对缺乏，低维氮化镓纳米器件的合成和研究技术还有待提高以满足现实应用的需要。因此，需要对低维 GaN 纳米器件的电子输运性能进行深入的分析和研究。本次研究应用密度泛函理论（DFT）研究了 GaN 纳米片和纳米带的典型结构[314~317]，计算了 AA-NN/GaGa、AA-GaN、AB-GaGa、AB-GaN 和 AB-NN[318] GaN 纳米片的双层堆垛结构和电子性质，对低维氮化镓纳米衍生物进行了第一性原理研究。研究发现堆垛方式对能带结构的影响很小，并且不同堆垛方式的 GaN 纳米片都是间接宽带隙半导体。此外，本书构建了不同的 GaN 器件模型，包括具有不同纳米带宽度的双层和单层的扶手椅形氮化镓纳米带（AGaNNRs）和锯齿形氮化镓纳米带（ZGaNNRs）。无论纳米带的形态如何，与相应的单层 GaN 器件相比，双层 GaN 纳米器件呈现出类似于并联电路的电流叠加规律[319]。此外，AGaNNRs 和 ZGaNNRs 的电子输运特性表明，纳米带宽度对 AGaNNRs 模型器件的电子输运特性有很大的影响。而基于 ZGaNNRs 的器件则不会出现宽度效应，不同宽度下的电流-电压（I-V）特征曲线形状非常相似。

5.3.1 模型结构和计算方法

在本研究中，应用第一性原理 DFT 研究了 GaN 纳米片的典型结构，如图 5-17 所示。单分子层 GaN 如图 5-17（a）所示，5 种典型的 AA 和 AB 堆垛的 GaN 纳米片如图 5-17（b）~（f）所示。对于 AA-NN/GaGa 氮化镓纳米片的双层堆积，GaN 的上层直接位于 GaN 的下层所有对应原子之上。上层的 Ga 原子与下层的 Ga 原子位置相同，而且上层的 N 原子也同样地在下层的正上方，如图 5-17（b）所示。而在 AA-GaN 结构中，上层 Ga 和 N 原子的位置发生了交换，使得平行的上下层中相同位置 Ga 和 N 元素不同。正如可以观察到 AB 层堆垛，相较于 AA 而言，较低的 GaN 层水平移动了一个 Ga—N 键长，因此在图 5-17（e）中，上面的 N 原子对应着下面的 Ga 原子，而上面的 Ga 原子和下面的 N 原子对应着空位。AB-GaGa 和 AB-NN 堆叠则相反，AB-GaGa 堆叠时，上 N 原子对应下 N 原子，如图 5-17（d）所示；AB-NN 堆叠时，上 Ga 原子对应下 Ga 原子，如图 5-17（f）所示。

对于这些二维双层结构，使用基于 DFT 的 Vienna ab initio simulation package 软件（VASP）对其电子结构进行第一性原理计算。为了处理电子间的交换关联，本书选择了广义梯度近似（GGA）的 Perdew-Burke-Ernzerhof（PBE）泛函形式，并对所有弛豫后结构的电子性质进行了计算。交换相关势采用局部密度近似泛函，核电子用范数守恒赝势描述，价波函数扩展为原子轨道的线性组合。原子结

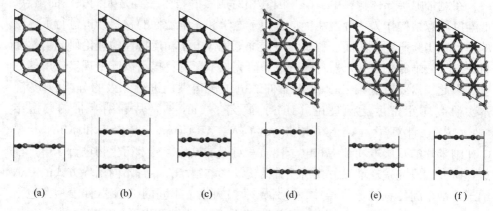

图 5-17　GaN 纳米片俯视图和侧视图

(a) 单层；(b) AA-NN/GaGa；(c) AA-GaN；(d) AB-GaGa；(e) AB-GaN；(f) AB-NN

构进行弛豫松弛直到原子力小于 0.1eV/nm，哈密顿收敛准则的总能量和电子密度设为 $1×10^{-5}$ eV，并通过计算得到能带图和态密度图。此外，本书构建了几种不同的一维 GaN 器件模型，采用 Atomistix ToolKit（ATK，一个基于 DFT 和非平衡格林函数的第一性原理软件包），研究了 GaN 纳米带模型器件的电子输运性质。本书选择了 9 个重复单元作为中心散射区域。为了防止任何层间的相互作用力，加入了超过 1.5nm 的垂直真空层。在对几何结构进行优化的过程中，得到哈密顿量收敛准则为 10^{-5} eV；此外，每个原子上的所有剩余力应小于 0.2eV/nm。为了平衡计算的效率和准确性，本书将截止能量设置为 150Ry。当施加电压时，左右电极的电化学电位相应移动。通过 Landauer-Büttiker 公式，可以将计算得出 GaN 纳米器件的电流。

5.3.2　结果与讨论

5.3.2.1　二维双层氮化镓的电子结构

首先，本节研究了二维双层 GaN 的结构和电子性质，如图 5-17 所示。采用自洽迭代法求解 Kohn-Sham 方程，得到波动函数，可以得到状态图的能带结构和密度。对于图 5-17 中 AA-NN/GaGa、AA-GaN、AB-GaGa、AB-GaN 和 AB-NN 的单层 GaN 和双层堆垛结构，AB-GaGa 的层间距离最大，为 0.652nm，AA-GaN 的层间距离最小，为 0.229nm。除了 PBE-GG 泛函外，本书还考虑了几种不同的范德华（vdW）泛函：vdW-DF，vdW-DF2，optB86-vdW 和 optB86-vdW。由于层间间距和相互作用[320]对层状材料的电子性能可能会有一定的影响，添加 vdW 相互作用会对这些层状材料的计算结果产生一定的修正。然而，在许多重要的情况下，vdW-DF 不够精确，而且和常规的 GGA 功能（如 PBE）相差不多[321]。由不同的泛函优化的五种双层结构的总能量和能带隙如表 5-1 所示，所有的泛函方法都表明这些双层结构存在间接的间隙。结果显示，AA-GaN 的堆积结构是 5 种结构中最稳定的结构，计算出的总能量在−23.10eV 至−22.33eV。此外，各泛函的总能和能带隙的变化趋势一致，且 PBE 泛函具有代表性。为简单起见，本书只使用经过 PBE 泛函优化的结构来计算 DFT 电子结构。

表 5-1　用不同的泛函方法计算了 5 种双层结构的总能及带隙

结构	AA-GaN	AA-NN/GaGa	AB-GaGa	AB-GaN	AB-NN
PBE	−23.07/1.75	−22.65/1.79	−22.65/1.87	−22.71/1.44	−22.65/1.84
DF	−23.02/1.62	−22.64/1.69	−22.65/1.58	−22.70/1.41	−22.65/1.56
DF2	−22.91/1.45	−22.63/1.56	−22.65/1.57	−22.70/1.47	−22.64/1.54
optB86	−23.07/1.74	−22.62/1.43	−22.63/1.51	−22.69/1.36	−22.96/2.17
optB88	−23.06/1.69	−22.63/1.46	−22.97/2.08	−22.70/1.40	−22.69/1.45

对于这些双层结构，本书利用 Bader 方法提供了电荷转移的定量分析，以评估堆叠排列对电荷分布的影响。可以发现，许多电荷从 N 原子转移到 Ga 原子，这与它们的电负性值一致。得到或失去的电子数是平衡的。通过分析结构的振动特性，可以推导出结构的热力学稳定性。计算 GaN 双层结构的声子色散谱，发现声子谱是相似的，并给出了最有代表性的 AA-NN 和 AB-NN 的声子谱进行比较。在计算中，采用了密度微扰泛函理论，另外，模拟中采用了较大的 3×3 扩胞晶体，高对称点为 Γ、K 和 M。声分支声子的特点是相邻原子具有相同的振动方向和较低的角频率，而光学声子的特点是相邻原子处于不同的振动相位，角频率较大。显然，对于 AA-NN 和 AB-NN 堆垛，每个原电极包含两个 Ga 原子和两个 N 原子。因此，声子谱中有 12 个声子分支，包括 3 个声学分支和 9 个光学分支。AA-NN 的声子谱中存在一个非常小的虚频率，AB-NN 的声子谱中也存在同样的现象，进一步证明了它们的热力学性质的相似性和关系。一般来说，双层 GaN 薄片具有较好的热力学稳定性。对应的能带图如图 5-18 所示，位于 Γ 至 Γ（Γ—K—M—Γ）的高对称点上。费米能级被设置为零能量，用水平色虚线表示。从图 5-18 的能带图中可以看出，导带的最低端位于布里渊区 Γ 点，而价带的最高端位于 K 点，这是间接带隙半导体的典型特征。另外，这些图中的数据清楚地表明没有带通过费米能量，这 5 个能带图都表明设计的双层 GaN 结构是宽带隙半导体，并且它们都有间接的带隙，这与单层 GaN 非常相似。其中，单层 GaN 的带隙最宽（1.92eV），AB-GaN 层的带隙最窄（1.44eV）。此外，可以发现 AA-NN/GaGa、AB-GaGa 和 AB-NN 的能带结构基本相同，所以可认为改变堆积排列对能带结构的影响很小。

因此，在后续的研究中，主要对单层 GaN 和 AA-NN/（GaGa）堆垛 GaN 的电

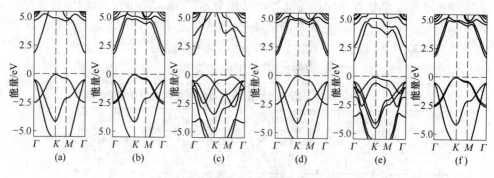

图 5-18 双层 GaN 纳米片的能带结构

（a）单层；（b）AA-NN/GaGa；（c）AA-GaN；（d）AB-GaGa；（e）AB-GaN；（f）AB-NN

子结构的性质进行研究。为了加深理解，计算了此两种 GaN 结构的总态密度（TDOS）和偏态密度（PDOS），如图 5-19 所示。从图 5-19 可以看出，能带包括导带和价带。单层 GaN 和 AA-NN/GaGa 的状态图密度比较相似。它们的态密度主要来自 Ga 原子的 3d 和 4p 轨道，N 的 2p 轨道，也有少量的 Ga 的 4s 轨道和 N 的 2s 轨道电子态。

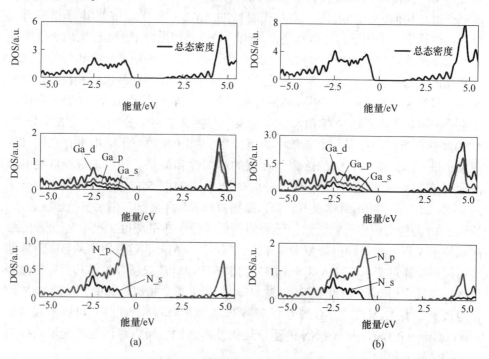

图 5-19 氮化镓纳米片的态密度

（a）单层；（b）AA-NN/GaGa

5.3.2.2 一维氮化镓器件的输运特性

在比较了二维双层氮化镓结构的电子结构后，本书研究了一维氮化镓器件的输运特性。在上述研究中，本书发现单层和双层氮化镓纳米片的电子性质是相对近似的。因此，通过 AA-NN/GaGa 堆垛排列，本书构建了几个不同的一维氮化镓器件模型作为理论研究的器件（图 5-20）。基于单层和双层氮化镓的器件模型如图 5-20（a）（b）所示，而基于单层和双层氮化镓的器件模型如图 5-20（c）（d）所示，这些氮化镓器件模型是六边形键合的蜂窝状结构，宽度为六个二聚体。它们由镓和氮原子组成，分别显示为深色和浅色球体。每个一维器件模型包含三个区域：左电极、右电极和中心散射区域。左电极和右电极由虚线包围的阴影区域表示，由于它们在电子传输方向上的周期性，因此它们由表面原子的两个重复原子长度组成。具有锯齿形和扶手椅型边界的单层和双层氮化镓纳米带的伏安特性曲线如图 5-21 所示。AGaNNRs 的纳米带宽度为五、六和七个原子长度，ZGaNNRs 的纳米带宽度为四、五和六个二聚体，它们通过不同的曲线来区分。在图 5-21 中，图（a）（b）是由 AGaNNRs 组成的器件模型的伏安曲线，图（c）（d）是由 ZGaNNRs 组成的器件模型的伏安曲线。此外，双层纳米器件由实线和大写字母表示，单层纳米器件由虚线和小写字母表示。例如，图 5-21 中带有空心正方形符号的虚线是宽度为五个原子长度的单层 AGaNNRs 器件的 I-V 特性曲线，简称为 a5 曲线。带有倒置实心三角形符号的实线是宽度为六个二聚体的双层 ZGaNNRs 器件的 I-V 特性曲线，简称为 Z6 曲线。从图 5-21 可以得出一些有趣的结论。

（1）最明显的发现是，在给定电压下，无论纳米带的形态如何，双层氮化镓纳米器件的电流近似是单层氮化镓纳米器件的两倍。这表明双层氮化镓纳米器件表现出电流叠加规律，类似于并联电路。

（2）纳米带宽度对纳米器件的伏安特性有很大影响。当电压小于 0.4V 时，A5 器件的电流最大，其次是 A7 和 A6 器件。相反，对于 ZGaNNRs，纳米带的宽度差别很小，双层（z4、z5 和 z6）和单层（Z4、Z5 和 Z6）纳米器件的曲线波动趋势相对一致。

（3）GaN 纳米器件是单层还是双层对 I-V 曲线的走向几乎没有影响，波动趋势非常一致。对于扶手椅型边界，当电压约为 0.1V 时，电流最大。A5 的电流在 0.1V 的电压下达到最大值 9.14μA，A6 和 A7 的电流在该电压下也达到最大值（分别为 1.62μA 和 4.79μA）；同理，a5、a6 和 a7 也是如此，最大电流值分别为 4.10μA、0.89μA 和 1.56μA，约为相同电压下双层氮化镓器件的一半。随着电压从 0.1V 增加到 0.5V，电流逐渐减小，然后不同纳米带宽度的伏安特性曲线趋于基本相同。对于锯齿形边界，电流在 0.2V 左右达到最大。对于单层和双层器件，电流在 0 到 0.2V 之间增加，然后在 0.2V 以上开始减小。当电压为 0.2V

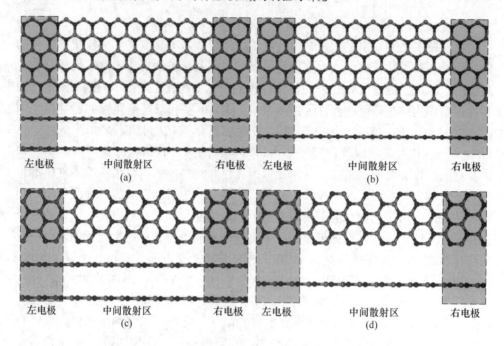

图 5-20 器件模型的俯视和侧视示意图

（a）双层 ZGaNNRs；（b）单层 ZGaNNRs；（c）双层 AGaNNRs；（d）单层 AGaNNRs

时，对于双层氮化镓器件，z6 的电流最大（41.8μA），其次是 z5（40.8μA）和 z4（39.8μA），而对于 Z6、Z5 和 Z4，电流为 20.0μA、21.7μA 和 22.5μA。

针对这种现象需要思考问题是，这种伏安曲线趋势的机理是什么？为了回答这个问题，研究了不同宽度的单层和双层 ZGaNNRs 和 AGaNNRs 组成的 GaN 器件模型电子输运谱，如图 5-22 所示。类似于图 5-21，双层纳米器件由实线和大写字母表示，单层纳米器件使用虚线和小写字母。值得注意的是，单层和双层模型的图像的垂直坐标并不相同，表现出如图 5-21 所示的双倍定量关系。与扶手椅型边界氮化镓纳米带器件模型相比，对于相同的纳米带宽度和层数，锯齿形边界氮化镓纳米带器件模型在费米能的两侧显示出更宽和更强的峰。因此，可以得出这样的结论：锯齿形边界氮化镓器件模型提供了更多参与传输的通道，并且它们的电子传输行为比扶手椅型边界氮化镓器件模型更强。此外，单层和双层体系的电子输运特性曲线波动趋势相似。在给定的电压下，由双层 ZGaNNRs 或 AGaNNRs 构成的系统的输运系数约为由单层 ZGaNNRs 或 AGaNNRs 构成的系统的两倍。此外，对于 AGaNNRs，带宽对传输系数的影响也很明显，但对 ZGaNNRs 的影响不明显。

为了更好地理解上述结果，图 5-23 展示了四种 GaN 基器件（A5、a5、Z4 和 z4）在零偏下费米能量附近的 LDOS，LDOS 的等值为 0.10au.。电荷主要分布在

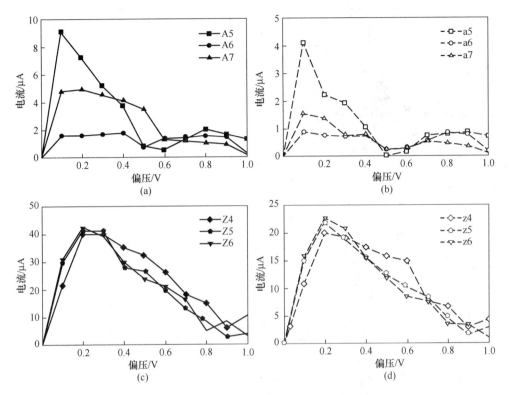

图 5-21 由不同宽度的单层和双层 ZGaNNRs 和 AGaNNRs 组成的 GaN 器件模型的伏安曲线
（a）（b）由 AGaNNRs 组成的器件模型的伏安曲线；（c）（d）由 ZGaNNRs 组成的器件模型的伏安曲线

器件的两侧，只有少量电荷位于器件的中间，这意味着 AGaNNRs 和 ZGaNNRs 为电子提供了良好的导电通道。与扶手椅型边界 GaN 基器件相比，锯齿形边界 GaN 基器件的电子更容易从右向左通过中心散射区并表现出显著的耦合。因此，在相同电压下，锯齿形边界 GaN 基器件比扶手椅型边界 GaN 基器件表现出更高的电导率、增益和更大的电流。A5 和 a5、Z4 和 z4 的 LDOS 的俯视图相似，而双层 GaN 结构提供的传输路线是相应单层结构的两倍。因此，比较双层和单层 LDOS 器件模型可以解释 *I-V* 特性呈现电流叠加规律的原因。

5.3.3 研究结论

通过第一性原理计算，系统研究了二维双层 GaN 纳米片的结构和电子性质，以及一维 GaN 基纳米器件的电子输运特性。单层 GaN 和双层 AA-NN/GaGa、AA-GaN、AB-GaGa、AB-GaN 和 AB-NN 堆垛的 GaN 纳米片是具有间接带隙的宽带隙半导体类型。AA-NN/GaGa 堆垛方式是五种 GaN 堆垛方式中最稳定的，堆垛类型并没有改变这些二维双层堆垛纳米片的宽带隙和间接带隙。更有趣的是，对于基

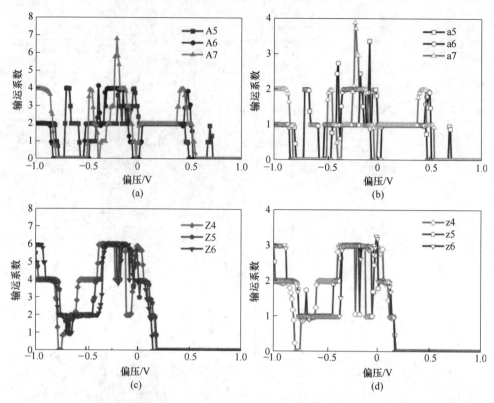

图 5-22　由不同宽度的单层和双层 AGaNNRs 和 ZGaNNRs 组成的 GaN 器件模型的电子输运谱

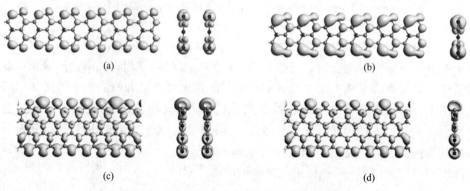

图 5-23　GaN 基器件 LDOS 俯视图和侧视图

（a）A5；（b）a5；（c）Z4；（d）z4

于 GaN 纳米带的器件模型，在给定电压下，由双层 GaN 纳米器件构建的体系的电流大约是相应的单层 GaN 纳米器件的两倍，表现出电流叠加规律。从 LDOS 来看，双层 GaN 结构提供的传输路径是相应单层结构的两倍。此外，在相同电压下，锯齿形边界 GaN 基器件比扶手椅型边界 GaN 基器件表现出更高的电导率和更大的电流。具体来说，AGaNNRs 器件具有宽度效应，而 ZGaNNRs 器件却没有，I-V 曲线和输运谱表明，AGaNNRs 的宽度对电子输运特性有很大的影响。相比之下，不同宽度的 ZGaNNRs 的 I-V 特性曲线形状相对一致。这些发现将对 GaN 基纳米电子器件的开发和应用具有积极的意义。

5.4　空位缺陷和应变工程对二维 PtSe$_2$ 电子结构特性的影响

　　近年来，随着集成电路对器件集成要求的不断提高，迫切需要开发能够突破传统硅基器件瓶颈的新材料[322]。石墨烯的成功剥离极大地激发了人们对二维（2D）材料的兴趣[323~325]，但石墨烯的无隙性和弱自旋轨道耦合明显阻碍了其在电子行业的实际应用[326]。鉴于此，研究人员将注意力转向了其他新型二维材料，如黑磷烯（BP）[327]、六方氮化硼（h-BN）[328]、硅烯[329]和过渡金属二卤族化合物（TMDCs）。其中，低维 TMDCs 根据其卓越的力学、电子学和光学特性，有望取代传统的块状硅，制造更小规格、高性能的半导体或电子元件[330]。

　　到目前为止，2D-TMDCs 的研究和开发还处于起步阶段，仍有大量的 TMDCs 材料未被深入研究甚至合成。令人鼓舞的是，在 Pt（111）衬底[331]上通过直接硒化合成了 TMDCs 家族的一个新成员二硒化铂（PtSe$_2$）。PtSe$_2$ 单层实验合成的进展引发了对硫族化合物的新的思考[332, 333]，因为这种单步合成方法与硅片制造兼容[334]。Zhao 等团队报道，PtSe$_2$ 比广泛研究的黑磷具有更好的空气稳定性[335]。Kar 等人发现过渡金属掺杂的 PtSe$_2$ 单层表现出新颖的磁性和优良的稳定性[336]。此外，Zhang 等人的工作表明，在 14 种 2D TMDCs 大家庭中，PtSe$_2$ 单层具有最高的室温迁移率（3000cm^2·V^{-1}·s^{-1}）[337]。此外，Li 等通过光降解实验[338]证明了 PtSe$_2$ 单层的光催化活性与氮掺杂 TiO$_2$ 纳米颗粒和黑磷属于同一类。综上所述，由于制备方法简单、空气稳定性好、载流子迁移率高、光催化活性好，PtSe$_2$ 单层在实际应用方面可被视为最有前途的候选材料之一。

　　目前已有几种方法来修饰二维材料的电子性能，包括原子的吸附和取代、表面功能化、电场或应变应用、缺陷工程[339~341]和边缘效应[342]。众所周知，单层 TMDCs 在剥离或化学气相沉积（CVD）过程中经常出现缺陷，尤其是铜空位[343~345]。TMDCs 的本征缺陷可以有效地捕获自由电子、空穴和局域激子，从而调节其电子、磁性和光学性质。不仅如此，之前的研究表明，拉伸应变可以降低 TMDCs 的晶格导热系数，从而改善 TMDCs[346]的热电性能。此外，由于二维材料的高表面体积比，TMDCs 在传感气体中也表现出很高的灵敏度，具有良好的响应时间[347]。尽管 PtSe$_2$ 单层具有广泛的实际应用潜力，但仍有必要对其固有性质进行调节，如从间接半导体到直接半导体，甚至到金属。因此，缺陷和应变工程对单层 PtSe$_2$ 影响的研究具有重要的意义。

　　基于上述原因，这里通过第一性原理计算，包括空位缺陷和面内应变对

$PtSe_2$ 单层电子和光学性质的影响，探讨了 $PtSe_2$ 单层的结构和电子性质。结果表明，$PtSe_2$ 单层是一种很有前途的半导体材料，在光电器件和自旋电子器件领域都有很大的应用潜力。

5.4.1 计算细节

第一性原理计算基于密度泛函理论（DFT），使用投影仪增广波方法，在 VASP 中实现。交换相关泛函 GGA 和 PBE 实现。通过更精确的 Heyd-Scuseria-Ernzerhof 混合泛函方法（HSE06）进一步验证能带结构结果。真空层设置为 2nm，以避免周期性结构之间的相互作用。在研究中，所有的结构都是完全弛豫的，没有对称约束，直到作用在每个原子上的力小于 0.001eV。平面波基组的截断能设定为 520eV。使用 21×21×1 Monkhorst-Pack。采用 Grimme 的 DFTD3 方法描述层间范德华相互作用。电荷转移分析是用 Bader 技术完成的。为了检验动力稳定性，本书采用密度泛函理论（DFPT），并采用有限位移方法。力常数矩阵是在实现 PHONOPY 代码中通过 4×4×1 超胞来构建的。

5.4.2 结果和讨论

5.4.2.1 结构和电子性能

体相 $PtSe_2$ 为 1T 结构，呈四方对称性。从图 5-24（a）中给出顶部和侧面视图可以发现，$PtSe_2$ 单层包含三个原子亚层，两个 Se 层之间夹着一个 Pt 层。Pt-Se 的弛豫晶格常数为 0.375nm，键长为 0.253nm，键角为 95.60°。这与之前的实验和理论工作是一致的。根据巴德电荷分析，在 $PtSe_2$ 单层结构中，键合原子之间不存在净电荷转移，键的性质完全是共价的。注意，所有声子模态都具有真实的本征频率，这表明原始 $PtSe_2$ 是动态稳定的，如图 5-24（b）所示。此外，通过从头算分子动力学（AIMD）模拟进一步研究了 $PtSe_2$ 单层的热稳定性。通过温度随时间变化的计算，测试了 $PtSe_2$ 单层膜的稳定性，并从理论上证明了其稳定性。

图 5-24（c）的能带结构清楚地表明，原始的 $PtSe_2$ 单层是一种间接带隙半导体，PBE 的带隙为 1.40eV。众所周知，PBE 通常低估了能带隙，而 hybrid-HSE06 计算的能带隙为 2.00eV。此外，自旋轨道耦合（SOC）对电子结构和热电性能有重要影响。当考虑 SOC 效应，双退化 VBM 在 Γ 点 20meV，CBM 将 160meV 在 Γ 到 M 点。单层 $PtSe_2$ 的 VBM 和 CBM 轨道的电荷密度如图 5-24（d）所示，浅色和深色区域分别代表电荷积累和损耗。此外，为了解释 $PtSe_2$ 电子态的起源，我们计算了态密度（DOS）和投影 PDOS，如图 5-24（e）所示。从 $PtSe_2$ 的 PDOS 可以看出，VBM 主要由 Se-4p 轨道贡献，CBM 主要由 Pt-5d 轨道贡献。此外，从 DOS 和 PDOS 可以看出，原始的 $PtSe_2$ 单层表现出非磁性的基态。

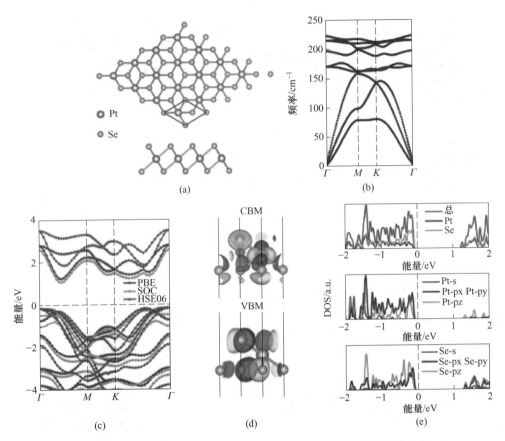

图 5-24 PtSe$_2$ 单层的俯视图和侧视图(a)(d)，PtSe$_2$ 单层的声子色散曲线(b)，
PBE、PBE+SOC 和 HSE06 计算得到的电子能带结构(c)，价带最大值(VBM)和
导带最小值(CBM)轨道的电荷密度(d)，PtSe$_2$ 单层的 DOS 和 PDOS(e)

5.4.2.2 空位缺陷的影响

已有研究表明，各种固有缺陷对二维材料的结构稳定性和电子性能有重要影响。为了研究空位缺陷，本书从不同尺寸的超电极中去除一个 Pt 原子和一个 Se 原子来产生单空位（SV）。包括键长和缺陷角度在内的优化的原子结构如图 5-25 (a) 所示。我们还探讨了空位缺陷对 PtSe$_2$ 单层磁性和电子性能的影响。通过对计算结果的分析，它伴随着两个特征跃迁，即 SV$_{Se}$ 构型的间接带隙到直接带隙的跃迁和 SV$_{Pt}$ 构型的非磁性到磁性的跃迁。为了显示这些磁源，计算了 V$_{Pt}$（2×2）、V$_{Pt}$（3×3）和 V$_{Pt}$（4×4）的自旋密度，如图 5-25 (b) 所示。由此可见，诱导的大磁矩主要是由铂空位周围的 6 个 Se 原子的不饱和悬浮键贡献的。由于 Se-p 电子的非局域性质，磁矩也部分由邻近的 Pt 原子贡献。而具有 Se 空位的 PtSe$_2$ 单层不具有磁性，说明 Pt 缺陷是调节 PtSe$_2$ 单层磁性的关键因素。

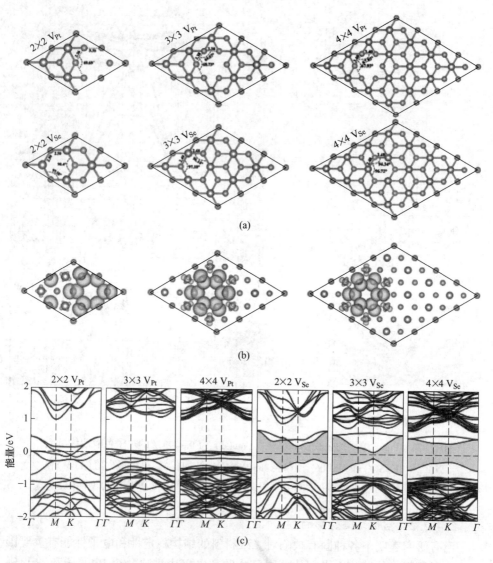

图 5-25 PtSe$_2$ 单层缺陷结构（SV$_{Pt}$ 和 SV$_{Se}$）的优化结构俯视图（a），

SV$_{Pt}$ 缺陷构型的自旋密度分布（b），缺陷的 PtSe$_2$ 单层构型的能带结构（c）

此外，图 5-25（c）显示了在平衡晶格常数下缺陷的 PtSe$_2$ 单层构型的电子能带结构。与原始情况相比，所有缺陷构型都在能带隙内引入了杂质带，导致能带隙在一定程度上减小。如图 5-25（c）所示，SV$_{Se}$（2×2）、SV$_{Se}$（3×3）和 SV$_{Se}$（4×4）均为非磁性半导体，带隙分别为 0.39eV、0.20eV 和 0.56eV。结果表明，Se 单空位对 PtSe$_2$ 单层的禁带有较大的调节作用，使其由间接半导体转变为直接半导体。此外，在三种 Pt 空位的情况中，我们可以清楚地观察到通过费米能级的多个能带，这表明在 Pt 单空位的引入下，PtSe$_2$ 单层成功地实现了从半导体向金属的过渡。有趣的是，研究发现 V$_{Pt}$(2×2)、V$_{Pt}$(3×3) 和 V$_{Pt}$(4×4) 三种 Pt 单空位缺陷结构在 PtSe$_2$ 单层上引入了较大的磁性，它们的磁矩分别为 2.4μB、3.1μB 和 4.0μB。在 PtSe$_2$ 单层的 6 种空位缺陷中，SV$_{Pt}$(4×4) 具有最大的磁矩，为 4.0μB。

5.4.2.3 应变工程

应变工程是一种调整二维材料的拓扑结构和电子性能稳健的方法。接下来，本书研究了单轴应变对 PtSe$_2$ 单层电子性能的影响，其示意图如图 5-26（a）所示。应变用 $\varepsilon = (a - a_0)/a_0$ 来计算，其中 $a(a_0)$ 是应变（非应变）晶格常数。为了直观地显示带隙随应变的变化，图 5-26（b）显示了 PtSe$_2$ 单层膜带隙随单轴应变的曲线。有趣的是，在 0~ +12%范围内，沿 x 或 y 方向的拉伸应变对 PtSe$_2$

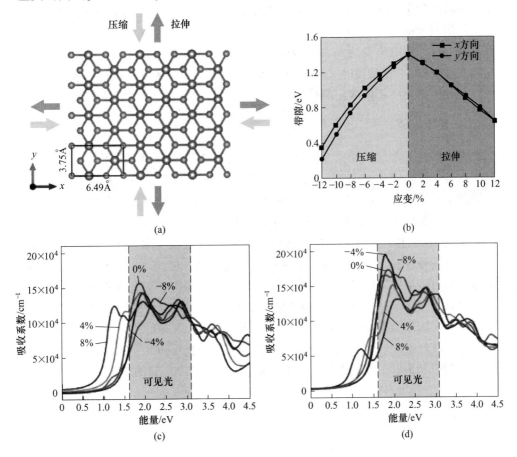

图 5-26　x 和 y 方向的 PtSe$_2$ 单层的矩形超胞(a)，PtSe$_2$ 单层膜带隙随单轴应变的曲线(b)，x 方向(c)和 y 方向(d)单轴应变下 PtSe$_2$ 单层膜的吸收系数

单层的带隙产生了完全相同的调制。随着拉伸应变的增加（至+12%），带隙线性减小至 0.65eV。但在压缩应变-2%~-12%范围内，两个方向上的差异较小，y 方向上的压缩应变对 PtSe$_2$ 带隙的影响比 x 方向上的压缩应变更显著。例如，当沿 y 方向的压缩应变为-12%时，PtSe$_2$ 单层膜的带隙达到最小值 0.35eV。综上所述，单轴应变可在较宽的范围内对 PtSe$_2$ 单层膜的带隙进行显著的调节，且带隙随压缩/拉伸应变的减小/增大而单调增大。

特别地，本书进一步对单轴应变下的 PtSe$_2$ 单层的光吸收系数进行了更详细的研究，得到的计算结果分别如图 5-26（c）和（d）所示。垂直灰色虚线之间的区域为可见光区域（1.61eV<E<3.10eV）。可以看出，固有的 PtSe$_2$ 单层具有广阔的光学吸附范围和较大的吸附系数。特别是在可见光区域，主要的光学吸收峰基本出现，但在近红外区域，吸附边减小。当施加单轴应变时，PtSe$_2$ 单层的光学性质得到了显著的调节，例如，随着压缩应变在 x 方向上的大小增加，吸收光谱发生明显的红移。特别是，在 y 方向施加压缩应变可以显著改善光吸收特性。例如，当压缩应变达到 $\varepsilon = -4\%$ 时（见图 5-26（d）），可以观察到一个宽且高的主吸收峰，横跨近红外、可见光和紫外区域。这意味着可调谐 PtSe$_2$ 单层在光电子领域有更广阔的应用前景。

5.4.3 研究结论

综上所述，本书利用第一性原理计算详细研究了 PtSe$_2$ 单层的结构和电子性能，以及空位缺陷和应变工程的影响。首先，PtSe$_2$ 的电子结构表明它是一种间接带隙半导体，VBM 位于 Γ 点，CBM 位于 Γ-M 区域。此外，六种单空位缺陷主要考虑在原始的 PtSe$_2$ 单层上去除一个铂或硒原子。理论结果表明，Pt 单空位在 PtSe$_2$ 单层上产生了高达 4μB 的大磁矩，并由于 Pt 空位周围存在不饱和悬挂键而表现出金属磁性。相反，Se 单空位系统保持无磁性，但实现了 PtSe$_2$ 单层由间接半导体向直接半导体的转变。此外，应变工程是调节 PtSe$_2$ 单层带隙和光学性质的有效方法。在 x、y 方向上，当压缩应变减小时，禁带宽度明显增大，而在拉伸应变下，禁带宽度几乎随应变的增大而线性减小。有趣的是，当压缩应变达到 -4%时，在近红外、可见光和紫外光区出现了一个宽而高的主吸收峰。这些发现表明，调谐 PtSe$_2$ 单层在光电子学和自旋电子学中有更广阔的应用前景。

6 基于长度无关五-四-五边形碳基分子多功能器件

随着电子器件的小型化，全碳分子结已成为取代传统硅基器件的候选材料[348~350]。近年来，分子尺度器件的基础研究发展迅速，特别是基于石墨烯的分子尺度器件得到了广泛的研究。石墨烯作为一种碳的二维结构，引起了人们的广泛关注[351~354]。然而，这种半金属材料的零带隙严重限制了其在半导体电子器件中的应用。理论和实验物理学家都在努力通过施加应变或电场来打开石墨烯的间隙或调节其电子特性[355, 356]。同样，功能化可以有效地调控间隙，最明显的方法是将石墨烯薄片定制为一维石墨烯纳米带（GNRs）的有限宽度条带[357]。近年来，由于其稳定性和实验应用的可行性，ZGNRs 被认为是分子器件中极好的候选电极[358, 359]。采用合适的裁剪技术可获得两种典型的结构：锯齿边型和扶手边型石墨烯纳米带。一般来说，AGNRs 是一种非磁性半导体，其条带宽度对其带隙有很大的影响，其带隙大小与宽度有关，呈 $\Delta 3n+1 > \Delta n > \Delta 3n+2$ 的阶梯变化，沿带宽分布有 n 条原子链。然而，ZGNRs 在边缘表现出局域态，这些局域态可以是反铁磁态（AFM）、铁磁态（FM）或非磁态（外加电场或化学修饰）[360]。特别是，由于 ZGNRs 具有局域自旋极化边缘态，因此被认为是自旋电子电路的潜在应用材料。因此，在 ZGNRs 电极的分子自旋电子器件中可以获得了自旋过滤、自旋整流和自旋开关等与自旋相关的多功能特性[361~363]。

与此同时，石墨烯奇妙的电子特性也激励着学者努力去发现其他新的 2D 类石墨烯材料[364,365]。其中，碳材料仍是研究热点，各种碳基材料已经在实验中合成或在理论上预测，如石墨烯[366,367]、五边形石墨烯[368]、七边形石墨烯[369,370]，以及苯、联苯、三苯基等碳基分子[371]。2014 年，Xu 等人已经使用结构搜索算法来寻找 S-、D-和 E-石墨烯[372]。Wang 等人系统地寻找了新型的二维碳基五-六-七环材料[369]。2017 年报道了一种新的碳同素异形体，它是一种准一维类石墨烯纳米带，周期性地嵌入四环和八环，以平面构型呈现[373]。这些非六边形环表现出半导体性质。不久之后，Rong 等人通过第一性原理计算，报道了一种名为 net-Y 的新型 2D 碳同素异构体或具有四元环、六元环和八元环的石墨烯结构，该结构具有可与石墨烯相媲美的高载流子速度的固有金属性（约为 $10^6 m/s$）[374]。结构稳定性计算明确表明，金属网-Y 石墨烯具有能量亚稳态、动态和热稳定态，其亚稳性可以与石墨烯相比较，但比实验合成的石墨烯更稳定。

此外，Bhattacharya 等人从理论上研究了一种新的二维 TPO-石墨烯基碳同素异形体的电子和光学性质。他们也证实了该材料的热力学和力学稳定性[375]。

由于二维类石墨烯碳同素异形体的种类众多，设计全碳基材料器件并不困难。众所周知，采用 GNR 电极的器件的电导率在很大程度上取决于碳原子链的长度，它表现出显著的奇偶振荡导电行为。在平行（P）和反平行（AP）自旋态下，夹在两个 ZGNR 之间原子链的自旋分离电子输运特性得到了广泛的研究。此外，通过改变散射区构象，基于苯基环分子器件的电导表现出开关效应，如将环从共面旋转到垂直面。Schmaus 等人发现，与其他金属酞菁相比，ZGNR 的共酞菁器件的磁电阻效应更为明显[376]。因此，在全碳基分子电子器件中存在着传统半导体器件中常见的自旋滤波、二极管、开关等输运行为。Bhattacharya 等人揭示了由 TPO-石墨烯薄片制成的纳米带具有金属性质，并且在其纳米器件的电输运中发现了负微分电阻（NDR）行为。同时，通过对 TPO-石墨烯的二维结构沿其八角形环的中心轴进行裁剪，可以得到 PTP 分子链。然而，基于 TPO-石墨烯纳米带与 ZGNR 连接的 PTP 分子链分子器件可能具有显著的自旋多功能特性。

本书研究了不同长度 PTP 分子链与两个 ZGNR 电极组成器件的自旋-输运性质。通过第一性原理的计算，发现偶数-N（N 是原子链的数量）器件中存在双自旋滤波效应，而奇数-N 器件中不存在双自旋滤波效应。此外，对 8-ZGNR、6-ZGNR 和 4-ZGNR 电极的 PTP 分子链和 ZGNR 构型进行了测试。结果表明，随着电极宽度的不同，自旋输运性质几乎没有变化。因此，为简便起见，本文采用 4-ZGNR 作为电极。重要的是，观察到自旋过滤、双自旋过滤、整流和 NDR 行为的明显特性。在基于 PTP 分子链的器件中，无论自旋构型状态和 PTP 分子链长度如何，都存在自旋过滤效应[300, 301]。特别是，在两个 ZGNR 电极处于 AP 自旋态的器件中显示了双自旋滤波和整流特性，其整流比高达 10^3。此外，PTP 分子链和电极的宽度是否共面对自旋电导有显著影响。具体来说，该器件通过将 PTP 分子链从共面旋转到垂直于 ZGNR 面中表现出开关行为。开关比可以达到 10^3，因此，本书设计的基于 PTP 分子链的器件可以实现开关、自旋分离、双自旋滤波、整流和 NDR 等多种功能，在分子集成电路中具有潜在的应用前景。

同时，边缘修饰可以简单有效地调节 GNR 的电子性质。因此，在本研究中，使用不同的原子和官能团对锯齿形 TPO-石墨烯纳米带（TPO-ZGNR）的边缘进行修饰，以调控其电子性质。对不同宽度的边缘钝化 H 原子的 TPO-ZGNRs（TPO-ZGNRs-H）进行了结构模拟，并对其电子结构和磁性进行了研究。此外，还研究了在边缘用 2H、O、OH 和 Cl 钝化的 TPO-ZGNRs（TPO-ZGNRs-X，X＝2H、O、OH 和 Cl）的电子结构。根据电流-电压（$I\text{-}V$）曲线和电子透射光谱，确定了所设计器件的整流比（RR）、负微分电阻效应（NDR）和传输特性。

6.1 计算模型和方法

如图 6-1（a）所示，所提出的分子结器件是一个双探针系统，PTP 分子链被夹在两个 ZGNR 电极之间。该结分为三部分：左电极、中心散射区和右电极[302~307]。该结构的散射区包含一个 PTP 分子链和两个 ZGNR 电极的缓冲层。特别地，左右两个电极都被描述为沿 z 轴方向上有两个重复的 4-ZGNR 单原包。这个 4-ZGNR 电极可呈现平行（P）[1, 1] 或反平行（AP）[1, −1] 的自旋构型，外加磁场或电场可使其自旋方向保持一致或相反。PTP 分子链的长度记为 n，当图 6-1（b）中 PTP 分子链的长度（n）为 1~4 时，定义模型器件为 M1、M2、M3 和 M4。此外，考虑了 PTP 分子链和 ZGNR 之间的平面从共面到垂直（从 0° 到 90°）以步长为 30° 旋转，并在图 6-1（c）显示了设计的模型。

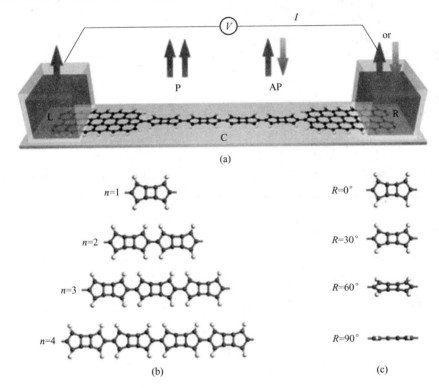

图 6-1　分子结器件及 PTP 分子链

（a）分子器件结构示意图；（b）PTP 分子链为 n = 1~4 时对应 M1~M4 模型；

（c）通过旋转 PTP 分子链和 ZGNR 电极之间的平面夹角，从共面到垂直的全部构型

其次，在 TPO-ZGNRs 边缘钝化的五种不同原子或官能团修饰被命名为 TPO-ZGNRs-X（X 代表 H、2H、O、OH、Cl 原子），如图 6-2（b）~（f）所示。TPO-

ZGNRs 的宽度由 TPO 链定义，TPO-ZGNRs-X 的单元结构定义为 2 个宽度。此外，设计的模型结构如图6-2（a）所示。纳米器件模型包含三个区域：左电极、右电极和中心散射区域。本书选择 4 个重复 TPO-ZGNRs-X 单元作为中心散射区。

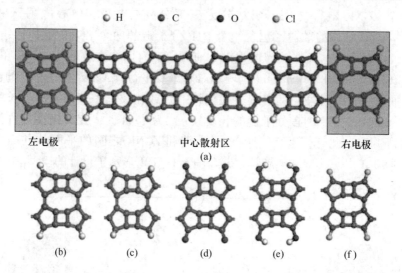

图 6-2　TPO-ZGNRs-H 器件模型示意图(a)和 TPO-ZGNRs-X 单元胞的优化结构(b)~(f)

所有结构在计算前都进行了优化。电子结构和输运性质被应用于软件包 Atomistix ToolKit 中，该软件包采用密度泛函理论（DFT），结合非平衡格林函数方法（即 NEGF-DFT），在电子的广义梯度近似（GGA）内，交换相关泛函是 Perdew-Burke-Ernzerhof（PBE）。利用双-ζ 极化基集，150 Hartree 和 Monkhorst-Pack-κ-points 网格 1×1×100 的密度网格截断，在周期方向使用 13 个 κ-点，在运输方向使用 150 个 κ-mesh，以实现准确性和成本之间的平衡。原子结构被松弛，直到每个原子上的所有剩余力小于 0.1eV/nm，并在非平衡格林函数的积分中使用电子温度为 300K。函数通过中心散射区域的非线性自旋相关电流可以用 Landauer 公式计算。

$$I^{\uparrow(\downarrow)}(V) = \frac{e}{h} \int_{\mu_{\mathrm{L}}}^{\mu_{\mathrm{R}}} \{ T^{\uparrow(\downarrow)}(E, V) [f_{\mathrm{L}}(E - \mu_{\mathrm{L}}) - f_{\mathrm{R}}(E - \mu_{\mathrm{R}})] \} \mathrm{d}E$$

6.2　结果与讨论

图 6-3（a）~（h）显示了 M1~M4 在 P 和 AP 自旋态下偏压（−2V，2V）的 I-V 特性。从图 6-3 可以得出如下结论：

首先，无论 P 或 AP 的自旋状态如何，所有结构都存在明显的自旋分离效应。具体来说，自旋向上电流在整个偏压内较大，而自旋向下电流几乎被抑制为零，如图6-3（a）~（d）所示，这些不同的自旋向上和向下的电子输运行为表明了一个有趣的自旋分离效应和完美的单自旋导电行为。所设计的器件在相同偏压下，P自旋态下的自旋向上电流远大于自旋向下电流，具有良好的自旋滤波效率（SFE），如图6-4所示。可以看到，SFE在（-1.8V，1.8V）的偏压范围内几乎保持100%，其机理由自旋相关的透射谱和零偏压下费米能附近的局域态密度（LDOS）解释。

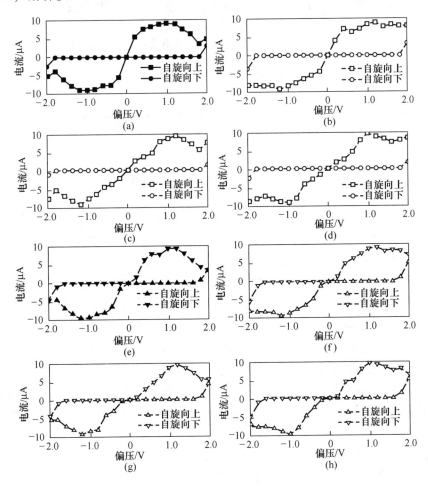

图6-3 器件 M1~M4 在 P 和 AP 自旋态下的电流-电压(I-V)曲线图

（a）M1-P；（b）M2-P；（c）M3-P；（d）M4-P；（e）M1-AP；（f）M2-AP；（g）M3-AP；（h）M4-AP

6.2.1 共面 PTP 分子器的自旋分离和整流效应研究

由于所设计模型在相同自旋状态下，与 M1~M4 自旋分离 LDOS 的分离情况

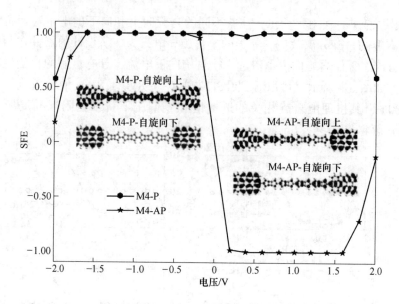

图 6-4　具有 P 和 AP 自旋设置的 M4 的自旋过滤效率(SFE)

相似，因此仅以 M4 的自旋向上和向下 LDOS 为例进行计算并作图，如图 6-4 左侧的插图所示。p-轨道振幅分布在整个 PTP 分子链中，自旋向上的电子可以很容易地从左到右穿过器件，并且有大量自旋向上的电子态离散分布。而自旋向下的电子态则完全位于 M4 的左右两侧。PTP 分子链提供了自旋向上的电子通道，却提供极少自旋向下的通道[308]。因此，在 P 自旋构型的 PTP 分子链器件中发现了具有良好 SFE 的单自旋导电，在电子器件中具有广阔的应用前景。

　　在 AP 自旋设置中，通过设计的 M1～M4 模型可以得到一个有趣的双自旋滤波或自旋二极管。从图 6-3 (e)～(h) 中可以看到自旋向上电流只出现在负偏压 (-1.6V, 0V) 范围内，而自旋向下电流却只出现在正偏压 (0, 1.6V) 范围内，也就是说正偏压范围内的自旋向上电流被抑制，而相反的是自旋向下电流在负偏压范围内被抑制。同时，在 AP 自旋态中，M4 的 SFE 在负偏压范围 (-1.6V, 0)下保持 100%，在正偏压范围 (0, 1.6V) 下逆转为 100%。因此，AP 自旋构型的 PTP 分子链器件可以实现双自旋过滤效应。

　　在 AP 态的 M1～M4 设计模型中，自旋向上负偏压电流的整流效果明显大于自旋向下正偏压电流的整流效果，如图 6-5 (b)～(d) 所示。当 I-V 曲线不对称时，整流效果较好，整流比会高。因此，本书仅绘制 M4 的整流比 (RR) 来表示基于 PTP 分子链的器件在 AP 自旋构型中的整流效果。如图 6-5 (a) 所示，M4 的构型具有较高的对称性，因此自旋向上与向下电流的变化趋势相似。可以看到，当偏压为 0.6V 时，M4 的 RR 值迅速上升到 10^3，当偏压为 1.2V 时，自旋向上与向下电流的 RR 值最高，分别为 2280.6 和 2243.8。在偏压（0.6V，1.6V）范围内，RR 稳定保持在 10^3 以上，在偏压 1.8V 范围内，RR 迅速下降到 10 以下。此外，在相应的偏压下，ZGNR 电极的自旋透射率和自旋能带结果可以很好地解释整流行为。图 6-5（b）和（c）显示了在偏压为 -1.2V 和 1.2V 时的自旋向上和自旋向下输运谱。由于 p^*（p）子带在对称轴内具有偶（奇）宇称，本征 4-ZGNR 的自旋相关能带结构表示其基态为 FM 的金属性[295]。在能量偏压窗口（EBW）内，左电极 p^* 子带的自旋向下与右电极 p^* 子带的自旋向下匹配良好，在图 6-5（c）中费米能级产生了一个明显自旋下降峰。AP 自旋结构在正偏压下具有较大的自旋向下电流，而对应的自旋向上电流完全被抑制，表明 AP 态下具有良好的自旋滤波行为。在 AP 自旋结构中，PTP 分子器件电流的最大整流比（RR）达到 $10^3 \sim 10^6$。

只有偏压窗口内的透射系数对电流有贡献，当施加偏压为 -1.2V 时，自旋向上的透射峰进入偏压窗口，在图 6-5（b）中，自旋向上的传输峰值在 1.2V 时远离偏压窗口。因此，M4 在 -1.2V 时的自旋电流大于 AP 自旋态的 1.2V 时的自旋电流，产生了整流效果。这种稳定的整流效应使器件有可能实现理想的自旋二极管[309, 310]。

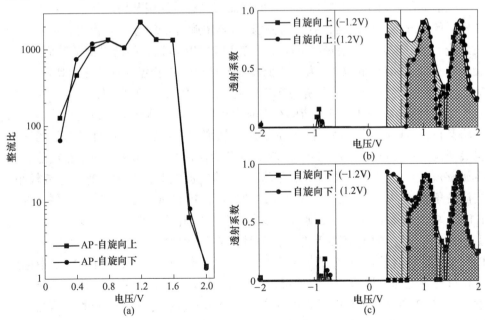

图 6-5 M4 的整流比及自旋透射谱

（a）AP 自旋态下 M4 自旋向上和自旋向下电流的整流比；

（b）M4 自旋向上的自旋透射谱；（c）M4 自旋向下的自旋透射谱

所设计的器件的自旋过滤和整流效果与散射区 PTP 分子链的长度无关。从图 6-3 中可以看出，设计的 M1~M4 器件在 P 自旋构型中具有良好的单自旋导电性，在 AP 自旋构型中有一个有趣的双自旋滤波或自旋二极管，具有极好的整流效果。因此，无论 PTP 分子链的长度如何，在设计的基于 PTP 分子链的自旋构型模型中，这些自旋相关现象都很明显。为了证明这一结论，本书设计了其他 PTP 分子链长度分别为 $n=9$ 和 $n=10$ 的模型。$n=9$ 和 $n=10$ 模型中心散射区域内原子数分别为 196 和 210，长度分别为 8.226nm 和 8.948nm。这两种模型器件的自旋分离 I-V 特性表明单自旋传导和双自旋滤波与整流效应的结合。因此，自旋整流效应是器件的本征特性，这与 PTP 分子链在散射区域的长度无关。此外，在 $n=9$ 和 $n=10$ 的模型处于 P 和 AP 自旋构型存在明显的 NDR 行为。NDR 效应在半导体物理中具有重要的应用价值，在一些实验系统中可以很容易地观察到。也就是说，随着偏压的增大，电流首先迅速增大并达到最大值，然后迅速减小并达到最小值，然后再次增大。因此，这些 PTP 分子链器件在 P 和 AP 自旋构型中均表现出明显的 NDR 效应。

6.2.2　非共面 PTP 分子器件的自旋效应研究

先前的研究表明，石墨烯纳米带的扭曲可以有效地调节输运特性。在电极为反极化的情况下（经过扭转后），将铁磁 ZGNR 旋转至理想的自旋阀即可实现开关效应。接下来，本书通过将 PTP 分子链和 ZGNR 电极之间的平面从共面（0°）旋转到垂直（90°）的以 30°为旋转步长来研究 $n=1$ 的模型器件的输运特性。0°、30°、60°、90°表示 PTP 分子链与 ZGNR 电极之间的旋转角度，如图 6-1（c）所示。由于自旋相关的 0°、30°结构在 P 或 AP 自旋态下具有相似的变化趋势，因此将其自旋 I-V 曲线绘制为图 6-6 的插图。从图中可以看出，P 自旋态下的完美自旋滤波，旋转角度为 0°、30°和 60°的非共面器件的 AP 态中存在双自旋滤波和自旋整流效应，但在相同幅度电压下，60°的电流相对于 0°和 30°的电流较小。当旋转角度进一步增加到垂直结构的 90°时，P 和 AP 自旋结构在（-1.8V，1.8V）的大偏压范围内，自旋向上和自旋向下电流都变小。与其他旋转角度构型相比，90°结构的电流要小得多，并且总是显示 OFF 状态。这一现象可以从 PTP 分子链的 P 轨道与 Py 通道的重叠来解释，这为在小旋转角度的结构中提供了良好的轨道理论解释，P 电子可以很容易地通过 PTP 分子链，Py 通道打开。然而，在 90°结构中，P 电子要以垂直构象跨越散射区是非常困难的。因此，从 0°减小变化到 90°的器件中，散射区 PTP 分子链的扭曲会使费米能级附近的透射系数迅速降低。

其中，0°、30°和 60°构型具有良好的自旋电导性，90°构型的电子完全被抑制，表明基于 PTP 分子链的构型可以作为一种独特的自旋分子开关。其次，在

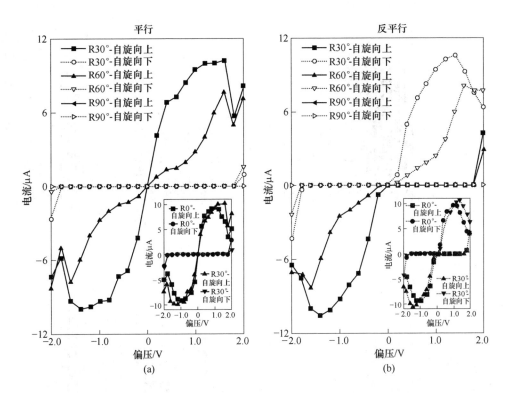

图6-6 在P(a)和AP(b)自旋构型中,通过旋转PTP分子链和ZGNR电极之间的
平面,以30°步长为单位,具有不同构象的M1的自旋分离 I-V 曲线

考虑的偏压范围内,共面P构型和垂直AP构型的ON/OFF开关比为$I_{0°}/I_{90°}$。如图6-7所示。在P自旋态中,除了自旋向下电流比值小外,自旋电流的ON/OFF比值稳定且较高,达到10^3。P自旋构型下,0°的自旋向上电流比90°的自旋向上电流大得多,导致ON/OFF比很高,在图6-7(a)中偏压为1.8V时,其最大值可达1904。然而,在图6-7(b)中,在P自旋态中,0°和90°的自旋向下电流完全减小,且在图6-7(b)中(-1.6V,1.6V)的大偏压范围内,其比值小于10。此外,与图6-6(b)中自旋 I-V 曲线相对应,在相同偏压下的AP自旋构型中,0°的自旋电流远远大于90°。因此,($I_{0°}/I_{90°}$)在AP态中,在较大的偏压范围内,自旋开关比稳定且较高,在-0.2V和0.2V的偏压下,自旋向上与向下的开关比值的最大值分别可达2407和2535,如图6-7(c)和(d)所示。

为了解释这些基于PTP分子链的旋转模型器件的自旋分离特性和开关行为,费米能级处的LDOS分布分别如图6-8和图6-9所示。特别地,除90°结构中电流被完全抑制外,自旋输运峰明显地出现在各自透射光谱的费米能级附近。可以看到在费米能处出现了宽而强的自旋向上输运峰,而自旋向下输运峰出现在费米能

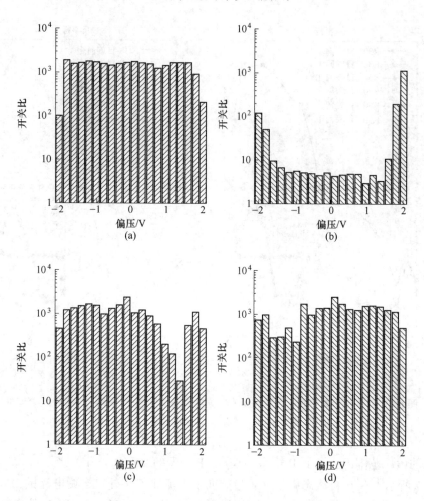

图 6-7　P 和 AP 自旋构型中共面（0°）和垂直（90°）构型电流的开关比

（a）P-自旋向上；（b）P-自旋向下；（c）AP-自旋向上；（d）AP-自旋向下

级的右侧，表明在 P 自旋构型下它们具有良好的自旋分离效果，如图 6-8（a）~（c）所示。这一现象可以通过在图 6-9 左侧费米能级处呈现自旋分离 LDOS 来理解。除了 90°模型的情况外，自旋向上的电子可以很容易地从右向左穿过中心散射区，可以在 0°~60°模型中发现电子分布非常离散，这意味着旋转的 PTP 分子链为自旋向上的电子保持了良好的导电通道。然而，器件左右部分的自旋向下的电子完全被局域化，表明旋转的 PTP 分子链没有为自旋向下的电子提供通道。因此，0°~60°模型在 P 态下具有较好的自旋滤波性能。

而 AP 构型中，自旋向上和向下的透射谱是简并的，在图 6-8（e）~（g）中，0°~60°的费米能处电子完全被抑制。同时，如图 6-9 右侧所示，自旋分离 LDOS

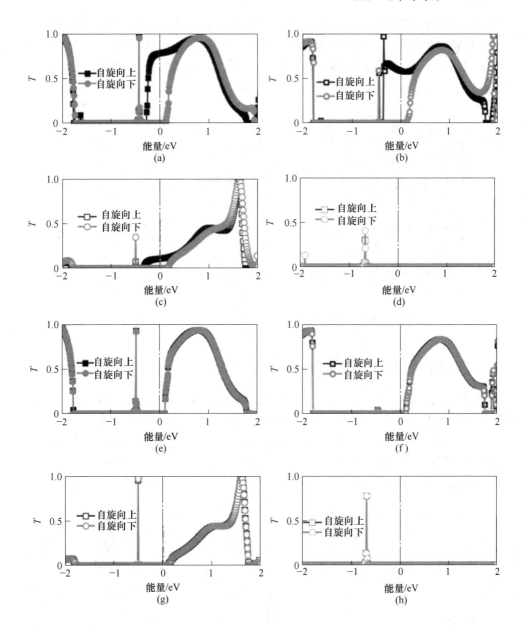

图 6-8 0°~90°模型在 P 和 AP 自旋构型下的自旋透射谱

（a）0°-P；（b）30°-P；（c）60°-P；（d）90°-P；
（e）0°-AP；（f）30°-AP；（g）60°-AP；（h）90°-AP

在 PTP 分子链的垂直 C—C 键上几乎没有电子云，表明 0°~60°模型中散射区与电极之间存在弱耦合相互作用。更重要的是，90°模型中被抑制的自旋向上电子的透射光谱在 PTP 分子链上的 LDOS 分布受到抑制，没有自旋电荷参与传输的通道。这就是为什么无论自旋设置如何，90°模型总是显示 OFF 状态。因此，90°情况下的自旋分离电流远小于 0°~60°情况，导致 $I_{0°}/I_{90°}$ 的 ON/OFF 比较大。

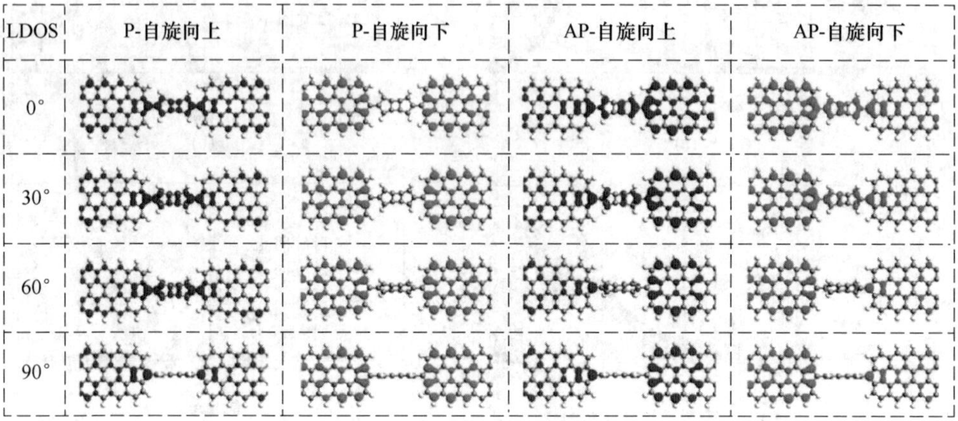

LDOS	P-自旋向上	P-自旋向下	AP-自旋向上	AP-自旋向下
0°				
30°				
60°				
90°				

图 6-9   在费米能级处 P 和 AP 自旋态中 0°~90°的自旋 LDOS

6.2.3   TPO 纳米带电子结构与输运特性

本部分计算了八种具有不同纳米带宽度（n）的 TPO-ZGNRs-H 结构，并计算了它们的电子结构，如图 6-10 为 $n=2$ 的 TPO-ZGNRs-H 的单元包。很明显，宽度不同的 TPO-ZGNRs-H 的能带结构都有显示穿过费米能的态，这就是典型的金属特性。值得注意的是，这表明 TPO-ZGNRs-H 的金属性不随宽度变化。此外，随着带宽的增加穿过费米能的态就越多，因此电导率单调增加。

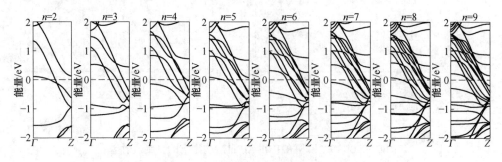

图 6-10   TPO-ZGNRs-H 具有不同宽度（$n=2\sim9$）的能带结构

同时，研究了 TPO-ZGNRs-H 的自旋分离电子性质。图 6-11（a）~（f）显示了宽度 $n=2$ 的 TPO-ZGNRs-H 在非磁性（NM）、铁磁性（FM）和反铁磁性（AFM）状态下的能带结构和总态密度（DOS）。计算结果表明，在 NM、FM 和

AFM 状态下，所有能带结构都包含与费米能交叉的能带。因此，TPO-ZGNRs-H 是碳的金属同素异形体，类似于石墨烯。此外，TPO-ZGNRs-H 的能带结构在 FM 和 AFM 态中都表现出自旋简并现象，并且 TPO-ZGNRs-H 在 FM 和 AFM 自旋态中的 DOS 是对称的，这使得 TPO-ZGNRs-H 具有金属性质的非磁性。

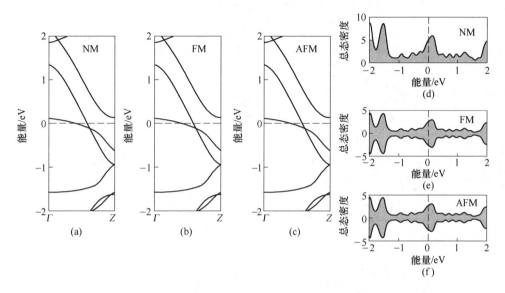

图 6-11　TPO-ZGNRs-H 的能带结构和总态密度
(a)~(c) 能带结构；(d)~(f) 总态密度

　　另外，研究了不同原子钝化的 TPO-ZGNRs 的电子性质。与对 TPO-ZGNRs-H 的宽度无关的金属性质的分析类似，以最简单的宽度 $n = 2$ 为例来分析图 6-12 的电子结构。如图 6-12 所示，在非磁性（NM）和铁磁性（FM）状态下，纳米带宽度 $n = 2$ 的 TPO-ZGNRs-X 在 NM、FM、AFM 状态下的能带结构。TPO-ZGNRs-X 在 NM 和 FM 状态下的电子结构相似。在 TPO-ZGNRs-2H 和 TPO-ZGNRs-O 中发生了金属-半导体转变，间接带隙分别为 0.91eV 和 0.01eV。半导体性质由 TPO-ZGNRs 边界处的饱和电子态表示，这阻止了电子态通过费米能。然而，TPO-ZGNRs-OH 和 TPO-ZGNRs-Cl 的能带与 TPO-ZGNRs-H 的能带相似。一些能带通过费米能，从而显示金属性。

　　为了了解器件的电子输运特性，研究了五种 TPO-ZGNRs-X 器件模型的 I-V 曲线和零偏压电子透射谱。计算出的电流在−2V 至 2V 的电流电压特性和零偏压电子透射光谱。如图 6-13（a）所示，TPO-ZGNRs-2H 器件模型的电流在施加的电压范围内受到抑制，进一步证实了 TPO-ZGNRs-2H 的半导体特性。类似地，TPO-ZGNRs-O 器件的电流在−1V 至+1V 范围内被抑制，这意味着几乎没有电流通过该器件。这也为今后在 TPO-GNRs 上寻找良好的半导体材料增加了很大的可

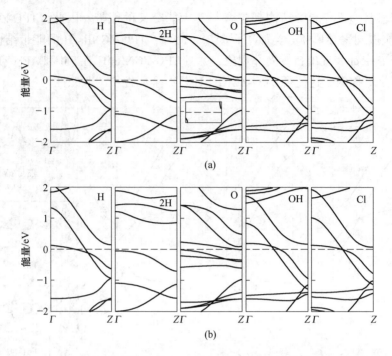

图 6-12 纳米带宽度 $n=2$ 的 TPO-ZGNRsX 的能带结构

(a) 非磁性（NM）状态下；(b) 铁磁性（FM）状态下

能性。此外，TPO-ZGNRs-H、TPO-ZGNRs-OH 和 TPO-ZGNRsCl 器件模型的 *I-V* 曲线是对称的，这再次表明了这些器件的金属特性。TPO-ZGNRs-H、TPO-ZGNRs-OH 和 TPO-ZGNRs-Cl 纳米器件模型的 *I-V* 曲线相似；当电压约为 1V 时，电流达到最大值，负微分电阻（NDR）区域在−2V 至−1V 和 1V 至 2V。因此，这些 NDR 器件可用于接近微波频率的双稳态开关和振荡电路，在存储和逻辑电路中具有广阔的应用前景。

研究边缘修饰对 TPO-ZGNRs 电子传输特性的影响，本书计算并绘制了 TPO-ZGNRs-X 模型器件的零偏压电子传输光谱，图 6-13（b）所示。用 H、OH 和 Cl 修饰的 TPO-ZGNR 纳米器件模型在费米能级处显示出强而宽的透射峰，这表明这三种器件模型可以提供更多的导电通道来增强电子传输。用 2H 修饰的 TPO-ZGNR 纳米器件中输运谱在较大的能量区域内被完全抑制，这意味着费米能级传输通道被阻断。有趣的是，边缘用 O 原子修饰的 TPO-ZGNRs 纳米器件模型的透射峰在费米能级处也为 0，且导电间隙较窄，但费米能级的左右两侧出现高透射峰，表明 TPO-ZGNRs-O 纳米器件可能具有整流效应（RR）的潜在应用。

为了更好地解释零偏压下 TPO-ZGNRS-O 纳米器件费米能级处窄导通间隙的现象，计算了零偏压下 TPO-ZGNRs-H 和 TPO-ZGNRs-O 纳米器件费米能处中心散

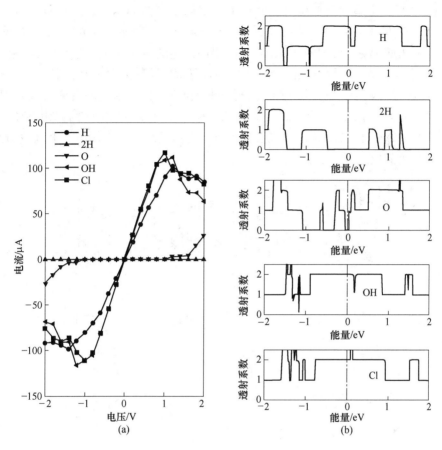

图 6-13　TPO-ZGNRs-X 纳米器件模型的 *I-V* 曲线和
零偏压电子透射光谱

（a）*I-V* 曲线；（b）零偏压电子透射光谱

射区的 LDOS 图。TPO-ZGNRs-H 纳米器件的电子可以很容易地从右向左穿过中心散射区，这意味着该分子为传输提供了良好的通道。因此，TPO-ZGNRs-H 纳米器件模型在大于费米能处显示出强而宽的透射峰值，如图 6-13（b）所示。然而，TPO-ZGNRs-O 纳米器件的中心散射区的 LDOS 在零偏压下费米能级周围被完全抑制，这意味着 TPO-ZGNRs-O 纳米器件没有在费米能处提供电子传输的通道。因此，TPO-ZGNRs-O 纳米器件在零偏压下具有窄的导电间隙。

基于 TPO-ZGNRs-X 纳米器件模型有趣的 *I-V* 特性和输运性质，本书利用 TPO-ZGNRs-H 和 TPO-ZGNRs-O 构建了一个同源模型（TPO-ZGNRs-H/O）。当偏压在 0V 到 1V 的范围内时，尽管正偏压电压不断增加，但电流被抑制。当施加的正偏压进一步增加时，电流增加，并在电压为 2V 时达到其最大正向电流约

30μA。相反，当施加负偏压时，电流迅速增加，并在−1.4V 处达到最大负电流−60μA。负偏压从−1.6V 至−2.0V，电流开始衰减。因此，NDR 发生在负偏压区。这些 *I-V* 特性可与 TPO-ZGNRs-H/O 器件模型的零偏压电子透射光谱特性相关，如图 6-14（c）所示。费米能左侧−1eV 到 0eV 范围内电子透射谱为 0，导致电流在 0V 到 1V 的偏压区域内被完全抑制。相反，在费米能的右侧可以发现一个大且强烈的透射峰，这表明在负偏压区域中电子可以通过更多的传输路径。因此，TPO-ZGNRs-H/O 纳米器件在负偏压下具有高电流，在正偏压下电流被抑制，表明有整流效应。

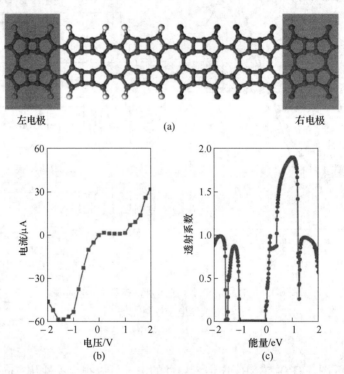

图 6-14　TPO-ZGNRs-H/O 纳米器件模型的结构、*I-V* 曲线和零偏压电子透射谱

（a）结构；（b）*I-V* 曲线；（c）零偏压电子透射谱

　　TPO-ZGNRs-H/O 器件模型的整流比（RR）是使用 $RR(V) = |I(-V)|/I(V)$ 在不同电压下计算的，其中 *I* 是在相同大小的正（V）和负（−V）电压下的电流。由于负偏压下的电流远大于相应正偏压下的电流，因此获得了较高的 RR 值。图 6-15 显示了在 0V 到 0.8V 的偏压范围内 RR 逐渐增加，最大 RR 为 40.7 出现在 0.8V。随着偏压的进一步增加，RR 首先降低到 36（在1.0V 的偏压下），然后急剧下降到 8（在 1.2V 的偏压下），并逐渐降低到较小的

值。为了解释 TPO-ZGNRs-H/O 器件模型中的整流比，本书绘制了偏压为 0.8V，
-0.8V，1V，-1V、1.2V 和-1.2V 时左右电极的偏压下的输运谱和能带结构。

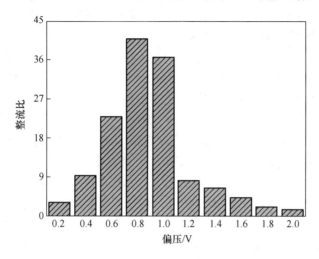

图 6-15   TPO-ZGNRs-H/O 器件模型的整流比（RR）

结果表明，当施加正偏压时，左电极的能带相对于费米能向下移动，而右电
极的能带相对于费米能向上移动。当施加 0.8V 和 1V 的偏压时，可在偏压窗口
内发现小的透射峰，且费米能周围有两条能带，因此传输通道只有微弱电流。然
而，当施加 1.2V 的偏压时，可在图中观察到尖锐且强烈的峰值，左电极的能带
可与费米能周围右电极的能带匹配，产生较大的电流。当施加相反的偏压时，左
（右）电极的子带向上（向下）移动。在偏压窗口为-0.8V，-1V 和-1.2V 时，
左电极子带的费米能周围出现了一个宽而强的峰值。当施加 0.8V 和 1V 的偏压
时，由于负偏压下的电流远大于相应正偏压下的电流，因此可获得更高的 RR
值。TPO-ZGNRs-H/O 纳米器件提供了有效的整流行为，可以成为实际电子器件
中的理想二极管。

6.3   研究结论

综上所述，本研究采用 NEGF 和 DFT 相结合的方法研究了夹在两个半无限 4-
ZGNR 电极之间的 PTP 分子链的自旋输运性质。该器件通过具有不同的 ZGNR 电
极自旋设置而具有多种功能。在设计的 PTP 分子链器件中，可以发现在 P 自旋
构型中具有高 SFE 的单自旋导电性，以及在 AP 自旋构型中具有良好整流效果的
双自旋滤波或自旋二极管。此外，所设计的模型器件的上述自旋相关特性是相似
的，具有相同的自旋状态，这与散射区 PTP 分子链的长度无关。有趣的是，当
PTP 分子链（$n=9$ 和 $n=10$）较长时，P 和 AP 自旋构型模型中也存在明显的

NDR 行为。进一步的研究表明，PTP 分子链与 ZGNR 电极之间的平面以 30°级从共面到垂直方向旋转，也可以在模型器件中发现上述相关结构的自旋多功能性。除了 90°的总"OFF"状态外，0°、30° 和 60° 的自旋电子在输运过程中呈现"ON"状态。且 0°与 90°的特殊自旋向上和自旋向下 ON/OFF 开关比值稳定且较高，可达 10^3。基于 PTP 分子链的器件的自旋输运性质和开关行为可以用 LDOS 在费米能级处的传输谱来解释。综上所述，本章所设计的基于 PTP 分子链的器件在多功能自旋电子器件中具有广阔的应用前景。

其次，利用第一性原理计算对 TPO-ZGNR 的电子结构和电子输运特性进行了系统的研究。结果表明 TPO-ZGNRs-H 在 NM、FM 和 AFM 状态下表现出金属性质，并且纳米带的宽度不影响其金属性质。研究了不同原子钝化的 TPO-ZGNRs 的电子结构，发现 TPO-ZGNRs-2H 和 TPO-ZGNRs-O 分别是带隙为 0.91eV 和可忽略带隙为 0.01eV 的间接半导体。相反，TPO-ZGNRs-H、TPO-ZGNRs OH、TPO-ZGNRs-Cl 仍然是金属性。与 TPO-ZGNRs-H 类似，TPO-ZGNRs-X 在 NM 和 FM 状态下的电子结构相似。更有趣的是，金属 TPO-ZGNRs-X 器件模型的 *I-V* 特性中存在明显的 NDR 效应。类似地，TPO-ZGNRs-H/O 异质结器件模型中出现了明显的 NDR 和整流效应，最大 RR 高达 40.7。在 TPO-ZGNR 纳米器件的零偏压电子透射谱中也揭示了 NDR 和整流效应。因此，碳基材料的推广可以促进分子器件的发展。

参 考 文 献

[1] Baibich M N, Broto J M, Fert A, et al. Giant Magnetoresistance of (001)Fe/(001)Cr Magnetic Superlattices [J]. Phys. Rev. Let. , 1988, 61: 2472~2475.

[2] Barnaś J, Fuss A, Camley R E, et al. Novel magnetoresistance effect in layered magnetic structures: Theory and experiment [J]. Phys. Rev. B, 1990, 42: 8110~8120.

[3] Wolf S A, Awschalom D D, Buhrman R A, et al. Spintronics: a spin-based electronics vision for the future [J]. Science, 2001, 294: 1488~1495.

[4] Žutić I, Fabian J, Das Sarma S. Spintronics: Fundamentals and applications [J]. Rev. of Mod. Phys. 2004, 76: 323~410.

[5] 都有为. 应重视自旋电子学及其器件的产业化 [J]. 材料功能信息, 2010: 9~14.

[6] Awschalom D D, Flatte M E, Samarth N. Spintronics [J]. Sci. Am. , 2002, 286: 66~73.

[7] Kato Y, Myers R C, Gossard A C, et al. Coherent spin manipulation without magnetic fields in strained semiconductors [J]. Nature , 2004, 427: 50~53.

[8] Hirohata A, Takanashi K. Future perspectives for spintronic devices [J]. J. Phys, D: Appl. Phys. , 2014, 47: 193001.

[9] Parkin S S P, Li Z G, Smith D J. Giant magnetoresistance in antiferromagnetic Co/Cu multilayers [J]. Appl. Phys. Lett. , 1991, 58: 2710.

[10] Daughton J, Brown J, Chen E, et al. Magnetic field sensors using GMR multilayer [J]. IEEE Transactions on Magnetics, 1994, 30: 4608~4610.

[11] Krishnan K M, Pakhomov A B, Bao Y, et al. Nanomagnetism and spin electronics: materials, microstructure and novel properties [J]. J. Mater. Sci. , 2006, 41: 793~815.

[12] Roca A G, Costo R, Rebolledo A F, et al. Progress in the preparation of magnetic nanoparticles for applications in biomedicine [J]. J. Phys. D: Appl. Phys. , 2009, 42: 224002.

[13] Berry C C. Progress in functionalization of magnetic nanoparticles for applications in biomedicine [J]. J. Phys. D: Appl. Phys. , 2009, 42: 224003.

[14] Pankhurst Q A. Thanh N T K, Jones S K, et al. Progress in applications of magnetic nanoparticles in biomedicine [J]. J. Phys. D: Appl. Phys. , 2009, 42: 224001.

[15] Prejbeanu I L, Bandiera S, Alvarez-Herault J, et al. Thermally assisted MRAMs: ultimate scalability and logic functionalities [J]. J. Phys. D: Appl. Phys. , 2013, 46: 1071~1075.

[16] Schwee L. Proposal on cross-tie wall and Bloch line propagation in thin magnetic films [J]. Magnetics, IEEE Transactions on Magnetics, 1972, 8: 405~407.

[17] Granley G B, Daughton J M, Pohm A V, et al. Properties of 1.4×2.8 pm^2 active area M-R elements [J]. Magnetics, IEEE Transactions on Magnetics, 1991, 27: 5517~5519.

[18] Wang Z, Nakamura Y. Spin tunneling random access memory (STram) [J]. Magnetics, IEEE Transactions on Magnetics, 1996, 32: 4022~4024.

[19] Daughton J M. Magnetic tunneling applied to memory (invited) [J]. J. Appl. Phys. , 1997, 81: 3758~3763.

[20] Datta S, Das B. Electronic analog of the electro-optic modulator [J]. Appl. Phys. Lett., 1990, 56: 665.

[21] Hammar P R, Bennett B R, Yang M J, et al. Observation of Spin Injection at a Ferromagnet-Semiconductor Interface [J]. Phys. Rev. Lett., 1999, 83: 203~206.

[22] Monzon F G, Roukes M L. Spin Injection into a High Mobility 2DEG [J]. APS March Meeting, 1998.

[23] Filip A T, Hoving B H, Jedema F J, et al. Experimental search for the electrical spin injection in a semiconductor [J]. Phys. Rev. B., 2000, 62: 9996~9999.

[24] Wunnicke O, Mavropoulos P, Zeller R, et al. Ballistic spin injection from Fe(001) into ZnSe and GaAs [J]. Phys. Rev. B., 2002, 65: 241306.

[25] Monsma D J, Lodder J C, Popma T J A, et al. Perpendicular Hot Electron Spin-Valve Effect in a New Magnetic Field Sensor: The Spin-Valve Transistor [J]. Phys. Rev. Lett, 1995, 74: 5260~5263.

[26] Appelbaum I, Huang B, Monsma D J. Electronic measurement and control of spin transport in silicon [J]. Nature, 2007, 447: 295~298.

[27] Fiederling R, Keim M, Reuscher G, et al. Injection and detection of a spin-polarized current in a light-emitting diode [J]. Nature, 1999, 402: 787~790.

[28] Kusrayev Y G, Koudinov A V, Wolverson D, et al. Anisotropy of spin-flip Raman scattering in CdTe/CdMnTe quantum wells [J]. Physica Status Solidi, 2002, 229: 741~744.

[29] Schmidt T, Worschech L, Scheibner M, et al. Spin polarization in semimagnetic CdMnSe/ZnSe quantum dots with zero exciton g factor [J]. Int. J. Mod. Phys. B, 2007, 21: 1626~1631.

[30] Trondle D, Wachter S, Luerssen D, et al. Spin-dependent exciton-exciton interaction in ZnSe quantum wells [J]. Physica Status Solidi A, 2000, 178: 535~538.

[31] Altynbaev E, Siegfried S A, Dyadkin V, et al. Intrinsic instability of the helix spin structure in MnGe and order-disorder phase transition [J]. Phys. Rev. B, 2014, 90: 174420.

[32] 黄维, 密保秀, 高志强. 有机电子学 [M]. 北京: 科学出版社, 2011: 13~15.

[33] Dediu V, Murgia M, Matacotta F C, et al. Room temperature spin polarized injection in organic semiconductor [J]. Solid State Commun., 2002, 122 (3): 181~184.

[34] Xiong Z H, Wu D, Vardeny Z V, et al. Giant magnetoresistance in organic spin-valves [J]. Nature, 2004, 427: 821~824.

[35] Majumdar S, Majumdar H S, Laiho R, et al. Comparing small molecules and polymer for future organic spin-valves [J]. J. Alloys & Compounds, 2006, 423: 169~171.

[36] Santos T S, Lee J S, Migdal P, et al. Room-temperature tunnel magnetoresistance and spin-polarized tunneling through an organic semiconductor barrier [J]. Phys. Rev. Lett., 2007, 98: 016601.

[37] Dediu V, Hueso L E, Bergenti I, et al. Room-temperature spintronic effects in Alq_3-based hybrid devices [J]. Phys. Rev. B, 2008, 78: 115203.

[38] Drew A J, Hoppler J, Schulz L, et al. Direct measurement of the electronic spin diffusion length in a fully functional organic spin valve by low-energy muon spin rotation [J]. Nat. Mater., 2009, 8: 109~114.

[39] Sun D L, Yin L F, Sun C J, et al. Giant magnetoresistance in organic spin valves [J]. Phys. Rev. Lett., 2010, 104: 236602.

[40] Jung-Woo Y, Chia-Yi C, Jang H W, et al. Spin injection/detection using an organic-based magnetic semiconductor [J]. Nat. Mater., 2010, 9: 638~642.

[41] Gobbi M, Golmar F, Llopis R, et al. Room-temperature spin transport in C-60-based spin valves [J]. Adv. Mater., 2011, 23: 1609~1613.

[42] Sheng Y, Nguyen T D, Veeraraghavan G, et al. Effect of spin-orbit coupling on magnetoresistance in organic semiconductors [J]. Phys. Rev. B, 2007, 75: 035202.

[43] Bobbert P A, Nguyen T D, Oost FWAV, et al. Bipolaron mechanism for organic magnetoresistance [J]. Phys. Rev. Lett., 2007, 99: 216801.

[44] Bergeson J D, Prigodin V N, Lincoln D M, et al. Inversion of magnetoresistance in organic semiconductors [J]. Phys. Rev. Lett., 2008, 100: 1431~1432.

[45] Francis T L, Mermer Ö, Veeraraghavan G, et al. Large magnetoresistance at room temperature in semiconducting polymer sandwich devices [J]. New Journal of Physics, 2004, 6: 185.

[46] Sirringhaus H, Brown P J, Friend R H, et al. Two-dimensional charge transport in self-organized, high-mobility conjugated polymers [J]. Nature, 1999, 401: 685~688.

[47] Mermer O, Veeraraghavan G, Francis T L, et al. Large magnetoresistance in nonmagnetic pi-conjugated semiconductor thin film devices [J]. Phys. Rev. B, 2005, 72: 205202.

[48] Nguyen T D, Sheng Y G, Rybicki J, et al. Magnetoresistance in pi-conjugated organic sandwich devices with varying hyperfine and spin-orbit coupling strengths, and varying dopant concentrations [J]. J. Mater. Chem., 2007, 17: 1995~2001.

[49] Wu Y, Hu B. Metal electrode effects on spin-orbital coupling and magnetoresistance in organic semiconductor devices [J]. Appl. Phys. Lett., 2006, 89: 203510.

[50] Tang C W, VanSlyke S A, Organic electroluminescent diodes [J]. Appl. Phys. Lett., 1987, 51: 913~915.

[51] 李峰. 改善有机电致发光器件的效率和稳定性的研究 [D]. 长春: 吉林大学, 2003.

[52] Davis A H, Bussmann K. Large magnetic field effects in organic light emitting diodes based ontris (8-hydroxyquinoline aluminum) (Alq3)/N, N'-Di (naphthalene-1-yl)-N, N' diphenyl-benzidine (NPB) bilayers [J]. J. Vac. Sci. Technol. A, 2004, 22: 1885~1891.

[53] Hu B, Wu Y, Zhang Z T, et al. Effects of ferromagnetic nanowires on singlet and triplet exciton fractions in fluorescent and phosphorescent organic semiconductors [J]. Appl. Phys. Lett., 2006, 88: 022114.

[54] Sun C J, Wu Y, Xu Z H, et al. Giant magnetoresistance in organic spin valves [J]. Appl. Phys. Lett., 2007, 90: 232110.

[55] Kim G H, Kim T S. Electronic transport in single-molecule magnets on metallic surfaces [J].

Phys. Rev. Lett. , 2004, 92: 137203.

[56] Sessoli R, Gatteschi D, Caneschi A, et al. Magnetic bistability in a metal-ion cluster [J]. Nature, 1993, 365: 141~143.

[57] Karin G, Christian C, Lapo B. An introduction to molecular spintronics [J]. Sci. China. Chem. , 2012, 55: 867~882.

[58] Jing H, Ke X, Shulai L, et al. Iron-phthalocyanine molecular junction with high spin filter efficiency and negative differential resistance [J]. J. Chem. Phys. , 2012, 136: 270~273.

[59] Xiang H, Yang J, Hou J G, et al. One-dimensional transition metal-benzene sandwich polymers: possible ideal conductors for spin transport [J]. J. Am. Chem. Soc. , 2005, 128 (7): 2310~2314.

[60] Shen X, Sun L, Yi Z, et al. Spin transport properties of 3d transition metal (II) phthalocyanines in contact with single-walled carbon nanotube electrodes [J]. Phys. Chem. Chem. Phys. , 2010, 12: 10805~10811.

[61] Xu K, Huang J, Guan Z, et al. Transport spin polarization of magnetic C 28 molecular junctions [J]. Chem. Phys. Lett. , 2012, 535: 111~115.

[62] Huang J, Wang W, Yang S, et al. Spin-polarized transport properties of Mn @ Au6 cluster [J]. Chem. Phys. Lett., 2013, 590: 111~115.

[63] Hao H, Zheng X, Song L, et al. Electrostatic spin crossover in a molecular junction of a single-molecule magnet Fe_2 [J]. Phys. Rev. Lett. , 2012, 108: 140~144.

[64] Huang J, Wang W, Yang S, et al. A theoretical study of spin-polarized transport properties of planar four-coordinate Fe complexes [J]. Chem. Phys. Lett. , 2012, 539: 102~106.

[65] Huang J, Wang W, Yang S, et al. Efficient spin filter based on FeN_4 complexes between carbon nanotube electrodes [J]. Nanotechnology, 2012, 23: 195~205.

[66] Xu K, Huang J, Lei S, et al. Efficient organometallic spin filter based on Europium cyclooctatetraene wire [J]. J. Chem. Phys. , 2009, 131: 3282~3285.

[67] Huang J, Li Q, Xu K, et al. Electronic, magnetic, and transport properties of Fe-COT clusters: a theoretical study [J]. J. Phys. Chem. C, 2010, 114: 11946~11950.

[68] Wu F, Liu J, Mishra P, et al. Modulation of the molecular spintronic properties of adsorbed copper corroles [J]. Nat. Commun. , 2015, 6: 7547.

[69] Bogani L. Molecular spintronics using single-molecule magnets [M]. Springer Berlin Heidelberg, 2014: 179~186.

[70] Miyamachi T, Gruber M, Davesne V, et al. Robust spin crossover and memristance across a single molecule [J]. Nat. Commun. , 2012, 3: 938.

[71] Gütlich P, Spin crossover phenomena in Fe (II) complexes [J]. Chem. Soc. Rev., 2000, 29: 419~427.

[72] Baadji N, Sanvito S. Giant resistance change across the phase transition in spin-crossover molecules [J]. Phys. Rev. Lett. , 2012, 108: 2010~2014.

[73] Mott N F. The electrical conductivity of transition metals [J]. Royal Society of London

Proceedings, 1936, 153: 699~717.

[74] Naber W J M, Faez S. Wiel W G. Organic spintronics [J]. J. Phys. D: Appl. Phys., 2007, 40: 205~228.

[75] Zhu J G, Par C. Magnetic tunnel junctions [J]. Materials Today, 2006, 9: 36~45.

[76] Julliere M. Tunneling between ferromagnetic films [J]. Phys. Lett. A, 1975, 54: 225~226.

[77] Slonczewski J. Conductance and exchange coupling of two ferromagnets separated by a tunneling barrier [J]. Phys. Rev. B, 1989, 39: 6995~7002.

[78] Wulfhekel W, Ding H F, Kirschner J. Tunneling magnetoresistance through a vacuum gap [J]. J. Magn. Magn. Mater., 2002, 242~245: 47~52.

[79] Evgeny Y T, Oleg N M, Patrick R L. Spin-dependent tunnelling in magnetic tunnel junctions [J]. J. Phys.: Conden. Matter, 2003, 15: 109~142.

[80] Zhang J, White R M, Voltage dependence of magnetoresistance in spin dependent tunneling junctions [J]. J. Appl. Phys., 1998, 83 (11): 6512~6514.

[81] Tsymbal E Y, Sokolov A, Sabirianov I F, et al. Resonant Inversion of Tunneling Magnetoresistance [J]. Phys. Rev. Lett., 2003, 90: 186602.

[82] Ishikawa T, Hakamata S, Matsuda K, et al. Fabrication of fully epitaxial $Co_2MnSi/MgO/Co_2MnSi$ magnetic tunnel junctions [J]. J. Appl. Phys., 2008, 103: 07A919.

[83] Ebbesen T W, Lezec H J, Hiura H, et al. Electrical conductivity of individual carbon nanotubes [J]. Nature, 1975, 2: 54~56.

[84] Bumm L A, Arnold J J, Cygan M T, et al. Are single molecular wires conducting [J]. Science, 1996, 271: 1705~1707.

[85] Reed M A, Zhou C, Muller C J, et al. Conductance of a molecular junction [J]. Science, 1997, 278: 252~254.

[86] Nichols R J, Haiss W, Higgins S J, et al. The experimental determination of the conductance of single molecules [J]. Phys. Chem. Chem. Phys., 2010, 12: 2801~2815.

[87] Zimbovskaya N A, Pederson M R. Electron transport through molecular junctions [J]. Phys. Rep., 2011, 509: 1~87.

[88] Sun L, Diazfernandez Y A, Gschneidtner T A, et al. Single-molecule electronics: from chemical design to functional devices [J]. Chem. Soc. Rev., 2014, 43: 7378~7411.

[89] Wolf B S A. Spintronics: a spin-based electronics vision for the future [J]. Science, 2010, 294: 1488~1495.

[90] Chambers S A. A potential role in spintronics [J]. Mater. Today, 2002, 5: 34~39.

[91] Pearton S J, Norton D P, Frazier R, et al. Spintronics device concepts [J]. IEE Proceedings—Circuits, Devices and Systems, 2005, 152: 312~322.

[92] Prinz G A. Magnetoelectronics [J]. Science, 1998, 282: 1660~1663.

[93] 徐光宪，量子化学——基本原理和从头计算法 [M]. 2 版，北京：科学出版社，2009.

[94] Kaxiras E. Atomic and electronic structure of solids [M]. Cambridge: Cambridge University Press, 2003.

［95］ Born M, Heisenberg W. Zur Quantentheorie der molekeln ［J］. Annalen Der Physik, 1927, 389: 457~484.

［96］ Born M, Huang K, Lax M. Dynamical theory of crystal lattices ［M］. Изд-во Иностранная лит, 1958: 104~113.

［97］ Hartree D R. The wave mechanics of an atom with a non-coulomb central field. Part Ⅱ. Some results and discussion ［M］. Proceedings of the Cambridge Philosophical Society, 1928, 24 (24): 89~110.

［98］ Fock V. Näherungsmethode zur Lösung des quantenmechanischen Mehrkörperproblems ［J］. Zeitschrift Für Physik, 1930, 61: 126~148.

［99］ Hohenberg P, Kohn W. Inhomogeneous electron gas ［J］. Phys. Rev., 1964, 136: 864~871.

［100］ Kohn W, Sham L J. Self-consistent equations including exchange and correlation effects ［J］. Phys. Rev., 1965, 140: 1133~1138.

［101］ Slater J C. The theory of complex spectra ［J］. Phys. Rev., 1929, 34: 1293~1322.

［102］ Mcweeny R, Sutcliffe B T, Brink G O. Methods of molecular quantum mechanics ［M］. Academic Press, 1989.

［103］ 林梦海. 量子化学计算方法与应用 ［M］. 北京：科学出版社, 2004.

［104］ 杨照地. 量子化学基础 ［M］. 北京：化学工业出版社, 2012.

［105］ Zhou Y X, Jiang F, Chen H, et al. First-principles study of length dependence of conductance in alkanedithiols ［J］. J. Chem. Phys., 2008, 128: 372~380.

［106］ Johnson J L, Behnam A, Choi Y, et al. Metal-semiconductor-metal (MSM) photodetectors based on single-walled carbon nanotube film-GaAs schottky contacts ［J］. Mrs. Proceedings, 2008, 103: 114315~114316.

［107］ Slater J C. Atomic shielding constants ［J］. Phys. Rev., 1930, 36: 57~64.

［108］ Boys S F. Electronic wave functions. I. A general method of calculation for the stationary states of any molecular system ［J］. Proceedings of the Royal Society A, 1950, 200: 542~554.

［109］ Becke A D. Density-functional exchange-energy approximation with correct asymptotic behavior ［J］. Phys. Rev. A, 1988, 38: 3098~3100.

［110］ Perdew J P, Wang Y. Accurate and simple analytic representation of the electron-gas correlation energy ［J］. Phys. Rev. B Conden. Matt., 1992, 45: 13244~13249.

［111］ Perdew J P, Burke K, Ernzerhof M. Generalized gradient approximation made simple ［J］. Phys. Rev. Lett., 1997, 78: 1396.

［112］ Svane A, Gunnarsson O. Transition-metal oxides in the self-interaction—corrected density-functional formalism ［J］. Phys. Rev. Lett., 1990, 65: 1148~1151.

［113］ Perdew J P, Kurth S, Zupan A, et al. Accurate density functional with correct formal properties: a step beyond the generalized gradient approximation ［J］. Phys. Rev. Lett., 1999, 82: 5179.

［114］ Becke A D. A new mixing of Hartree-Fock and local density-functional theories ［J］. J. Chem. Phys.,

1993，98：1372~1377.

[115] Craig R A. Perturbation expansion for real-time green's functions [J]. J. Mathematical Phys.，1968，9：605~611.

[116] Schwinger J. Brownian motion of a quantum oscillator [J]. J. of Mathematical Phys.，1961，2：407~432.

[117] Jauho A P, Wingreen N S, Meir Y. Time-dependent transport in interacting and non-interacting mesoscopic systems [J]. Phy. Rev. B Conden. Matt.，1994，50：5528~5544.

[118] http：//www. quantumwise. com.

[119] Rocha A R, García-Suárez V M, Bailey S W, et al. Towards molecular spintronics [J]. Nat. Mater.，2005，4：335~339.

[120] 安义鹏，杨传路，王美山，等. C$_{20}$F$_{20}$分子电子输运性质的第一性原理研究 [J]. 物理学报，2010，59：2010~2015.

[121] 范志强，谢芳. 硼氮原子取代掺杂对分子器件负微分电阻效应的影响 [J]. 物理学报，2012，61：77303.

[122] Wang F J, Xiong Z H, Wu D, et al. Organic spintronics：the case of Fe/Alq 3 /Co spin-valve devices [J]. Synthetic Met.，2005，155：172~175.

[123] Woo Youn K, Young Cheol C, Seung Kyu M, et al. Application of quantum chemistry to nanotechnology：electron and spin transport in molecular devices [J]. Chem. Soc. Re.，2009，38：2319~2333.

[124] Aurich H, Baumgartner A, Freitag F, et al. Permalloy-based carbon nanotube spin-valve [J]. Appl. Phys. Lett.，2010，97：153116.

[125] Zeng M G, Shen L, Cai Y Q, et al. Perfect spin-filter and spin-valve in carbon atomic chains [J]. Appl. Phys. Lett.，2010，96：042104.

[126] Stefan S, Alexei B, Yasmine N, et al. Giant magnetoresistance through a single molecule [J]. Nat. Nanotechnol.，2011，6：185~189.

[127] Nguyen T D, Gautam B R, Ehrenfreund E, et al. Magnetoconductance response in unipolar and bipolar organic diodes at ultrasmall fields [J]. Phys. Rev. Lett.，2010，105：2011~2024.

[128] 任俊峰，王玉梅，原晓波，等. 有机自旋阀的磁电阻性质研究 [J]. 物理学报，2010，59：6580~6584.

[129] An Y P, Yang Z Q. Spin-filtering and switching effects of a single-molecule magnet Mn (dmit)$_2$ [J]. J. Appl. Phys.，2012，111：043713.

[130] Keane Z K, Ciszek J W, Tour J M, et al. Three-terminal devices to examine single-molecule conductance switching [J]. Nano Lett.，2006，6：1518~1521.

[131] Xia C J, Liu D S, Fang C F, et al. The *I-V* characteristics of the butadienimine-based optical molecular switch：An ab initio study [J]. Physica E Low-dimensional Systems and Nanostructures，2010，42：1763~1768.

[132] Brandbyge M, Mozos J L, Ordejon P, et al. Density functional method for nonequilibrium

electron transport [J]. Phys. Rev. B Conden. Matt. , 2001, 65: 5401.

[133] Taylor J, Wang J, Guo H. Ab initio modeling of open systems [J]. Phys. Rev. B, 2001, 63: 121104.

[134] Woo Youn K, Kim K S. Tuning molecular orbitals in molecular electronics and spintronics [J]. Accounts of Chemical Research, 2009, 43: 111~120.

[135] Sanvito S. Molecular spintronics [J]. Chem. Soc. Rev. , 2011, 40: 3336~3355.

[136] Ong S V, Robles R, Khanna S N. Evolution of graphene mediated magnetic coupling between Fe-chains [J]. Chem. Phys. Lett. , 2010, 492: 127~130.

[137] Bogani L, Wernsdorfer W. Molecular spintronics using single-molecule magnets [J]. Nat. Mater. , 2008, 7: 179~186.

[138] Ishikawa N, Sugita M, Ishikawa T, et al. Mononuclear lanthanide complexes with a long magnetization relaxation time at high temperatures: a new category of magnets at the single-molecular level [J]. J. Phys. Chem. B, 2004, 108: 11265~11271.

[139] Ardavan A, Rival O, Morton J J L, et al. Will spin-relaxation times in molecular magnets permit quantum information processing [J]. Phys. Rev. Lett. , 2007, 98: 057201.

[140] Thomas L, Lionti F, Ballou R, et al. Macroscopic quantum tunnelling of magnetization in a single crystal of nanomagnets [J]. Nature, 1996, 383: 145~147.

[141] Wernsdorfer W, Sessoli R. Quantum phase interference and parity effects in magnetic molecular clusters [J]. Science, 1999, 284: 133~135.

[142] Huang J, Wang W, Yang S, et al. Efficient spin filter based on FeN_4 complexes between carbon nanotube electrodes [J]. Nanotechnology, 2012, 23: 195~205.

[143] Li J C, Gong X. Diode rectification and negative differential resistance of dipyrimidinyl-diphenyl molecular junctions [J]. Org. Electron, 2013, 14: 2451~2458.

[144] Jo M H, Grose J E, Baheti K, et al. Signatures of molecular magnetism in single-molecule transport spectroscopy [J]. Nano Lett. , 2006, 6: 2014~2020.

[145] Misiorny M, Barnaś J. Spin polarized transport through a single-molecule magnet: current-induced magnetic switching [J]. Phys. Rev. B, 2007, 76: 054448.

[146] González G, Leuenberger M N, Mucciolo E R. Kondo effect in single-molecule magnet transistors [J]. Phys. Rev. B, 2008, 78: 054445.

[147] Wu J C, Wang X F, Zhou L, et al. Manipulating spin transport via vanadium-iron cyclopentadienyl multidecker sandwich molecules [J]. J. Phys. Chem. C, 2009, 113: 7913~7916.

[148] Hao H, Zheng X H, Dai Z X, et al. Spin-filtering transport and switching effect of MnCu single-molecule magnet [J]. Appl. Phys. Lett. , 2010, 96: 192112.

[149] Hiraga H, Miyasaka H, Clérac R, et al. [MIII (dmit) 2]—Coordinated MnIII salen-type dimers (MIII = NiIII, AuIII; dmit2-= 1,3-dithiol-2-thione-4,5-dithiolate): design of single-component conducting single-molecule magnet-based materials [J]. Inorg. Chem. , 2009, 48: 2887~2898.

[150] Hazama K, Takahide Y, Kimata M, et al. Electronic state of magnetic organic conductor (Me-3,5-DIP) [Ni(dmit)₂]₂ [J]. J. Phys. : Confer. Series, 2009, 150: 022025.

[151] Basch H, Cohen R, Ratner M A. Interface geometry and molecular junction conductance: geometric fluctuation and stochastic switching [J]. Nano Lett. , 2005, 5: 1668~1675.

[152] Ke S H, Baranger H U, Yang W. Models of electrodes and contacts in molecular electronics [J]. J. Chem. Phys. , 2005, 123: 114701.

[153] Hong W, Manrique D Z, Moreno-García P, et al. Single Molecular Conductance of Tolanes: Experimental and Theoretical Study on the Junction Evolution Dependent on the Anchoring Group [J]. J. Am. Chem. Soc. , 2012, 134: 2292~2304.

[154] Di Ventra M, Pantelides S T, Lang N D. First-principles calculation of transport properties of a molecular device [J]. Phys. Rev. Lett. , 2000, 84: 979~982.

[155] Xue Y, Ratner M A. Microscopic study of electrical transport through individual molecules with metallic contacts. I. Band lineup, voltage drop, and high-field transport [J]. Phys. Rev. B, 2003, 68: 115406.

[156] Long M Q, Wang L, Chen K Q, et al. Coupling effect on the electronic transport through dimolecular junctions [J]. Phys. Lett. A, 2007, 365: 489~494.

[157] Venkataraman L, Klare J E, Tam I W, et al. Single-Molecule Circuits with Well-Defined Molecular Conductance [J]. Nano Lett. , 2006, 6: 458~462.

[158] Chu C, Na J S, Parsons G N. Conductivity in alkylamine/gold and alkanethiol/gold molecular junctions measured in molecule/nanoparticle/molecule bridges and conducting probe structures [J]. J. Am. Chem. Soc. , 2007, 129: 2287~2296.

[159] Deng X Q, Zhou J C, Zhang Z H, et al. Electrode conformation-induced negative differential resistance and rectifying performance in a molecular device [J]. Appl. Phys. Lett. , 2009, 95: 163109.

[160] Wang L H, Guo Y, Tian C F, et al. Torsion angle dependence of the rectifying performance in molecular device with asymmetrical anchoring groups [J]. Phys. Lett. A, 2010, 374: 4876~4879.

[161] Qiu M, Zhang Z H, Deng X Q, et al. End-group effects on negative differential resistance and rectifying performance of a polyyne-based molecular wire [J]. Appl. Phys. Lett. , 2010, 97: 242109.

[162] Li Z, Smeu M, Ratner M A, et al. Effect of anchoring groups on single molecule charge transport through porphyrins [J]. J. Phys. Chem. C, 2013, 117: 14890~14898.

[163] Sen S, Chakrabarti S. Ferromagnetically coupled cobalt-benzene-cobalt: the smallest molecular spin filter with unprecedented spin injection coefficient [J]. J. Am. Chem. Soc. , 2010, 132: 15334~15339.

[164] Yi Z, Shen X, Sun L, et al. Tuning the magneto-transport properties of nickel-cyclopentadienyl multidecker clusters by molecule-electrode coupling manipulation [J]. Acs Nano, 2010, 4: 2274~2282.

[165] Yaliraki S N, Kemp M, Ratner M A. Conductance of molecular wires: influence of molecule-electrode binding [J]. J. Am. Chem. Soc. , 1999, 121: 3428~3434.

[166] Sheng W, Li Z Y, Ning Z Y, et al. Quantum transport in alkane molecular wires: Effects of binding modes and anchoring groups [J]. J. Chem. Phys. , 2009, 131: 244712.

[167] Barone V, Cacelli I, Ferretti A, et al. Theoretical study of a molecular junction with asymmetric current/voltage characteristics [J]. Chem. Phys. Lett. , 2012, 549: 1~5.

[168] Zhang Z H, Deng X Q, Tan X Q, et al. Examinations into the contaminant-induced transport instabilities in a molecular device [J]. Appl. Phys. Lett. , 2010, 97: 183105.

[169] Zhao J, Yu C, Wang N, et al. Molecular rectification based on asymmetrical molecule-electrode contact [J]. J. Phys. Chem. C, 2010, 114: 4135~4141.

[170] Feng X Y, Li Z, Yang J. Electron transport in butane molecular wires with different anchoring groups containing N, S, and P: A first principles study [J]. J. Phys. Chem. C, 2009, 113: 21911~21914.

[171] Stokbro K, Taylor J, Brandbyge M, et al. Theoretical study of the nonlinear conductance of Di-thiol benzene coupled to Au(111) surfaces via thiol and thiolate bonds [J]. Comput. Mater. Sci. , 2003, 27: 151~160.

[172] Bogani L, Wernsdorfer W. Molecular spintronics using single-molecule magnets [J]. Nat. Mater. , 2008, 7: 179~186.

[173] Suneesh C V, Balan B, Ozawa H, et al. Mechanistic studies of photoinduced intramolecular and intermolecular electron transfer processes in RuPt-centred photo-hydrogen-evolving molecular devices [J]. Phys. Chem. Chem. Phys. , 2014, 16: 1607~1616.

[174] Ying H, Zhou W X, Chen K Q, et al. Negative differential resistance induced by the Jahn-Teller effect in single molecular coulomb blockade devices [J]. Comput. Mater. Sci. , 2014, 82: 33~36.

[175] Long M Q, Chen K Q, Wang L, et al. Negative differential resistance behaviors in porphyrin molecular junctions modulated with side groups [J]. Appl. Phys. Lett. , 2008, 92: 243303.

[176] Zhang X J, Long M Q, Chen K Q, et al. Electronic transport properties in doped C60 molecular devices [J]. Appl. Phys. Lett. , 2009, 94: 073503.

[177] Li M J, Long M Q, Chen K Q, et al. Fluorination effects on the electronic transport properties of dithiophene-tetrathiafulvalene (DT-TTF) molecular junctions [J]. Solid State Commun. , 2013, 157: 62~67.

[178] Nitzan A, Ratner M A. Electron transport in molecular wire junctions [J]. Science, 2003, 300: 1384~1389.

[179] Tao N J. Electron transport in molecular junctions [J]. Nat. Nanotechnol. , 2006, 1: 173~181.

[180] Mcdermott S, George C B, Fagas G, et al. Tunnel currents across silane diamines/dithiols and alkane diamines/dithiols: a comparative computational study [J]. J. Phys. Chem. C, 2009, 113: 744~750.

[181] Mizuseki H, Niimura K, Majumder C, et al. Theoretical study of the alkyl derivative $C_{37}H_{50}N_4O_4$

molecule for use as a stable molecular rectifier: geometric and electronic structures [J]. Comput. Mater. Sci. , 2003, 27: 161~165.

[182] Zheng X H, Zheng W, Wei Y D, et al. Thermoelectric transport properties in atomic scale conductors [J]. J. Chem. Phys. , 2004, 121: 8537~8541.

[183] Guo Y D, Yan X H, Xiao Y. Spin-polarized current generated by carbon chain and finite nanotube [J]. J. Appl. Phys. , 2010, 108: 104309.

[184] Fan Z Q, Chen K Q. Negative differential resistance and rectifying behaviors in phenalenyl molecular device with different contact geometries [J]. Appl. Phys. Lett. , 2010, 96: 053509.

[185] Zheng X, Dai Z, Shi X, et al. The role of the electrodes in a molecular conductor: an eigenchannel analysis [J], J. Phys. : Conf. Ser. , 2006, 29: 91~94.

[186] Yeonchoo C, Woo Youn K, Kim K S. Effect of electrodes on electronic transport of molecular electronic devices [J]. J. Phys. Chem. A, 2009, 113: 4100.

[187] Pan J B, Zhang Z H, Ding K H, et al. Current rectification induced by asymmetrical electrode materials in a molecular device [J]. Appl. Phys. Lett. , 2011, 98: 092102.

[188] Fang C, Cui B, Xu Y, et al. Electronic transport properties of carbon chains between Au and Ag electrodes: A first-principles study [J]. Phys. Lett. A, 2011, 375: 3618~3623.

[189] Yoshida K, Hamada I, Sakata S, et al. Gate-tunable large negative tunnel magnetoresistance in Ni-C60-Ni single molecule transistors [J]. Nano Lett. , 2013, 13: 481~485.

[190] Caliskan S. Tuning the spin dependent behavior of monatomic carbon wires between nickel electrodes [J]. Phys. Lett. A, 2013, 377: 1766~1773.

[191] Saffarzadeh A. Tunnel magnetoresistance of a single-molecule junction [J]. J. Appl. Phys. , 2009, 104: 123715.

[192] Kondo H, Ohno T. Spintronic transport of a non-magnetic molecule between magnetic electrodes [J]. Appl. Phys. Lett. , 2013, 103: 233115.

[193] Hazama K, Uji S, Takahide Y, et al. Fermi surface and interlayer transport in the two-dimensional magnetic organic conductor (Me-3,5-DIP) [Ni(dmit)$_2$]$_2$ [J]. Phys. Rev. B, 2011, 83: 1559~1565.

[194] Ren Q, Zhang X, Sun X B, et al. Third-order nonlinear optical properties of Co(dmit)$_2$ complexes using Z-scan technique [J]. Chinese Phys. , 2006, 15: 2618~2622.

[195] Sun C Q, Bai H L, Li S, et al. Length, strength, extensibility, and thermal stability of a Au-Au bond in the gold monatomic chain [J]. J. Phys. Chem. B. , 2004, 108: 2162~2167.

[196] Lin Z Z, Yu W F, Wang Y, et al. Predicting the stability of nanodevices [J]. Europhysics Letters, 2011, 94: 1034~1054.

[197] Yang J F, Zhou L, Han Q, et al. Bias-controlled giant magnetoresistance through cyclopentadienyl-iron multidecker molecules [J]. J. Phys. Chem. C, 2012, 116: 19996~20001.

[198] Wang Y, Cheng H P. Interedge magnetic coupling in transition-metal terminated graphene nanoribbons [J]. Phys. Rev. B, 2011, 83: 5121~5124.

[199] Zhu L, Yao K L, Liu Z L. Magnetic and electronic switching properties of photochromic diarylethene with two nitronyl nitroxides [J]. Appl. Phys. Lett, 2010, 97: 202101.

[200] Li M J, Xu H, Chen K Q, et al. Electronic transport properties in benzene-based heterostructure: Effects of anchoring groups [J]. Phys. Lett. A, 2012, 376: 1692~1697.

[201] Yan S L, Long M Q, Zhang X J, et al. The effects of spin-filter and negative differential resistance on Fe-substituted zigzag graphene nanoribbons [J]. Phys. Lett. A, 2014, 378: 960~965.

[202] Novoselov K S, Geim A K, Morozov S V, et al. Electric field effect in atomically thin carbon films [J]. Science, 2004, 306: 666~669.

[203] Novoselov K S, Geim A K, Morozov S V, et al. Two-dimensional gas of massless dirac fermions in graphene [J]. Nature, 2005, 438: 197~200.

[204] Vindigni A, Rettori A, Pini M G, et al. Finite-sized heisenberg chains and magnetism of one-dimensional metal systems [J]. Appl. Phys. A, 2006, 82: 385~394.

[205] Berger C, Song Z, Li X, et al. Electronic confinement and coherence in patterned epitaxial graphene [J]. Science, 2006, 312: 1191~1196.

[206] Wang Z F, Li Q, Zheng H, et al. Tuning the electronic structure of graphene nanoribbons through chemical edge modification: a theoretical study [J]. Phys. Rev. B, 2007, 75: 113406.

[207] Yu S S, Zheng W T, Wen Q B, et al. First principle calculations of the electronic properties of nitrogen-doped carbon nanoribbons with zigzag edges [J]. Carbon, 2008, 46: 537~543.

[208] Narjes G, Amir A F, Yoshiyuki K. The effects of defects on the conductance of graphene nanoribbons [J]. Nanotechnology, 2009, 20: 015201.

[209] Zheng X H, Rungger I, Zeng Z, et al. Effects induced by single and multiple dopants on the transport properties in zigzag-edged graphene nanoribbons [J]. Phys. Rev. B, 2009, 80: 235426.

[210] Ren Y, Chen K Q. Effects of symmetry and stone-wales defect on spin-dependent electronic transport in zigzag graphene nanoribbons [J]. J. Appl. Phys. , 2010, 107: 044514.

[211] An L P, Liu N H. The spin-dependent transport properties of zigzag graphene nanoribbon edge-defect junction [J]. New Carbon Mater. , 2012, 27: 181~187.

[212] Zheng H, Duley W. First-principles study of edge chemical modifications in graphene nanodots [J]. Phys. Rev. B, 2008, 78: 045421.

[213] Chuvilin A, Bichoutskaia E, Gimenez-Lopez M C, et al. Self-assembly of a sulphur-terminated graphene nanoribbon within a single-walled carbon nanotube [J]. Nat. Mater. , 2011, 10: 687~692.

[214] Fa W, Zhou J. Electronic and magnetic properties of chevron-type graphene nanoribbon edge-terminated by oxygen atoms [J]. Phys. Lett. A, 2012, 377: 112~117.

[215] Wu T T, Wang X F, Zhai M X, et al. Negative differential spin conductance in doped zigzag graphene nanoribbons [J]. Appl. Phys. Lett. , 2012, 100: 052112.

[216] Topsakal M, Ciraci S. Elastic and plastic deformation of graphene, silicene, and boron nitride honeycomb nanoribbons under uniaxial tension: a first-principles density-functional theory study [J]. Phys. Rev. B, 2010, 81: 024107.

[217] Cao C, Wang Y, Cheng H P, et al. Perfect spin-filtering and giant magnetoresistance with Fe-terminated graphene nanoribbon [J]. Appl. Phys. Lett., 2011, 99: 073110.

[218] Cao C, Chen L N, Long M Q, et al. Electronic transport properties on transition-metal terminated zigzag graphene nanoribbons [J]. J. Appl. Phys., 2012, 111: 113708.

[219] Jaiswal N K, Srivastava P. First principles calculations of cobalt doped zigzag graphene nanoribbons [J]. Solid State Commun., 2012, 152: 1489~1492.

[220] Sarikavak-Lisesivdin B, Lisesivdin S B, Ozbay E. Ab initio study of Ru-terminated and Ru-doped armchair graphene nanoribbons [J]. Mol. Phys., 2012, 110: 2295~2300.

[221] Zhang X, Yazyev O V, Feng J, et al. Experimentally engineering the edge termination of graphene nanoribbons [J]. Acs. Nano, 2013, 7: 198~202.

[222] Zhang Z L, Chen Y P, Xie Y E, et al. Spin-polarized transport properties of Fe atomic chain adsorbed on zigzag graphe nenanoribbons [J]. J. Phys. D: Appl. Phys., 2011, 44: 215403.

[223] Nguyen N B, García-Fuente A, Lebon A, et al. Electronic structure and transport properties of monatomic Fe chains in a vacuum and anchored to a graphene nanoribbon [J]. J. Phys.: Conden. Matt., 2012, 24: 455304.

[224] Al-Aqtash N, Li H, Wang L, et al. Electromechanical switching in graphene nanoribbons [J]. Carbon, 2013, 51: 102~109.

[225] Wan H, Zhou B, Chen X, et al. Dual spin-filtering effects, and negative differential resistance in a carbon-based molecular device [J]. J. Phys. Chem. C, 2012, 116: 2570~2574.

[226] Qin R, Lu J, Lai L, et al. Room-temperature giant magnetoresistance over one billion percent in a bare graphene nanoribbon device [J]. Phys. Rev. B Conden. Matt., 2010, 81: 145~173.

[227] Sevinçli H, Topsakal M, Ciraci S. Superlattice structures of graphene-based armchair nanoribbons [J]. Phys. Rev. B, 2008, 78: 887~902.

[228] Perdew J P, Mcmullen E R, Zunger A. Density-functional theory of the correlation energy in atoms and ions: A simple analytic model and a challenge [J]. Phys. Rev. A, 1981, 23: 2785~2789.

[229] Zhang X J, Chen K Q, Tang L M, et al. Electronic transport properties on V-shaped-notched zigzag graphene nanoribbons junctions [J]. Phys. Lett. A, 2011, 375: 3319~3324.

[230] Takahashi Y K, Kasai S, Furubayashi T, et al. High spin-filter efficiency in a Co ferrite fabricated by a thermal oxidation [J]. Appl. Phys. Lett., 2010, 96: 072512.

[231] Shi X Q, Dai Z X, Zhong G H, et al. Spin-polarized transport in carbon nanowires inside semiconducting carbon nanotubes [J]. International Journal of Pharmacy & Pharmaceutical Sciences, 2007, 111: 10130~10134.

[232] Zeng J, Chen K Q, He J, et al. Edge hydrogenation-induced spin-filtering and rectifying

behaviors in the graphene nanoribbon heterojunctions [J]. J. Phys. Chem. C, 2011, 115: 25072~25076.

[233] Wang S D, Sun Z Z, Cue N, et al. Negative differential capacitance of quantum dots [J]. Phys. Rev. B, 2002, 65: 125307.

[234] Long M Q, Chen K Q, Wang L, et al. Negative differential resistance induced by intermolecular interaction in a bimolecular device [J]. Appl. Phys. Lett. , 2007, 91: 233512.

[235] Carroll R L, Gorman C B. The genesis of molecular electronics [J]. Angewandte Chemie International Edition, 2002, 41: 4378~4400.

[236] Yoon Y, Ganapathi K, Salahuddin S. How good can monolayer MoS_2 transistors be [J]. Nano Lett. , 2011, 11: 3768~3773.

[237] Bolotin K I, Sikes K J, Jiang Z, et al. Ultrahigh electron mobility in suspended graphene [J]. Solid State Commun. , 2008, 146: 351~355.

[238] Balandin A A, Ghosh S, Bao W, et al. Superior thermal conductivity of single-layer graphene [J]. Nano Lett. , 2008, 8: 902~907.

[239] Li Y M, Jenkins K A, Alberto V G, et al. Operation of graphene transistors at gigahertz frequencies [J]. Nano Lett. , 2009, 9: 422~426.

[240] Lin Y M, Dimitrakopoulos C, Jenkins K A, et al. 100GHz transistors from wafer-scale epitaxial graphene [J]. Science, 2010, 327: 662~668.

[241] Liao L, Lieber C. High-oxide nanoribbons as gate dielectrics for high mobility top-gated graphene transistors [J]. Proceedings of the National Academy of Sciences, 2010, 107: 6711~6715.

[242] Frank S. Graphene transistors [J]. Nat. Nanotechnol. , 2010, 5 (7): 487~496.

[243] Cédric S, Florence A, Sylvie L, et al. Flexible gigahertz transistors derived from solution-based single-layer graphene [J]. Nano Lett. , 2012, 12: 1184~1188.

[244] Lin Y M, Alberto V G, Farmer D B, et al. Wafer-scale graphene integrated circuit [J]. Science, 2011, 332: 1294~1297.

[245] Wu Y, Farmer D B, Xia F, et al. Graphene electronics: materials, devices, and circuits [J]. Proceedings of the IEEE, 2013, 101: 1620~1637.

[246] Erica G, Laura P, Massimiliano B, et al. Gigahertz integrated graphene ring oscillators [J]. Acs. Nano, 2013, 7: 5588~5594.

[247] Kang J, Sarkar D, Khatami Y, et al. Proposal for all-graphene monolithic logic circuits [J]. Appl. Phys. Lett. , 2013, 103: 083113.

[248] Liu G, Ahsan S, Khitun A G, et al. Graphene-based non-boolean logic circuits [J]. J. Appl. Phys. , 2013, 114: 154310.

[249] Chen J H, Ishigami M, Jang C, et al. Printed graphene circuits [J]. Electrocomponent Science & Technology, 2008, 19: 3623~3627.

[250] Jiantong L, Fei Y, Sam V, et al. Efficient inkjet printing of graphene [J]. Adv. Mater. , 2013, 25: 3985~3892.

[251] Xia F, Mueller T, Golizadehmojarad R, et al. Photocurrent imaging and efficient photon detection in a graphene transistor [J]. Nano Lett. , 2009, 9: 1039~1044.

[252] Nagashio K, Nishimura T, Kita K, et al. Contact resistivity and current flow path at metal/graphene contact [J]. Appl. Phys. Lett. , 2010, 97: 143514.

[253] Venugopal A, Colombo L, Vogel E M. Contact resistance in few and multilayer graphene devices [J]. Appl. Phys. Lett. , 2010, 96: 013512.

[254] Blake P, Yang R, Morozov S V, et al. Influence of metal contacts and charge inhomogeneity on transport properties of graphene near the neutrality point [J]. Solid State Commun, 2008, 149: 1068~1071.

[255] Russo S, Craciun M F, Yamamoto M, et al. Contact resistance in graphene-based devices [J]. Physica E Low-dimensional Systems and Nanostructures, 2009, 42: 677~679.

[256] Malec C E, Davidović D. Electronic properties of Au-graphene contacts [J]. Phys. Rev. B Conden. Matt. , 2011, 84: 664~675.

[257] Zeng J, Chen K Q, He J. Rectifying and successive switch behaviors induced by weak intermolecular interaction [J]. Org. Electron, 2011, 12: 1606~1611.

[258] Hongmei L, Hisashi K, Takahisa O. Effect of contact area on electron transport through graphene-metal interface [J]. J. Chem. Phys. , 2013, 139: 074703.

[259] Li G X, Li Y L, Liu H B, et al. Architecture of graphdiyne nanoscale film [J]. Chenical Communications, 2010, 46: 3256~3258.

[260] Wu W Z, Guo W L, Zeng X C. Intrinsic electronic and transport properties of graphyne sheets and nanoribbon [J]. Nanoscale, 2013, 5: 9264~9276.

[261] Malko D, Neiss C, Vines F, et al. Competition for graphene: graphynes with direction-dependent dirac cones [J]. Physical Review Letters, 2012, 108: 086804.

[262] Kang J, Li J, Wu F, et al. Electronic, and optical properties of two-dimensional graphyne sheet [J]. Journal of Physical Chemistry C, 2011, 115: 20466~20470.

[263] Cao L M, Li X B, Jia C X, et al. Spin-charge transport properties for graphene/graphyne zigzag-edged nanoribbon heterojunctions: A first-principles study [J]. Carbon, 2018, 127: 519~526.

[264] He J, Bao K, Cui W, et al. Construction of large area uniform graphdiyne film for high performance lithiumion batteries [J]. Chemistry, 2018, 24: 1187~1192.

[265] Ruffieux P, Wang S, Yang B, et al. On-surface synthesis of graphene nanoribbons with zigzag edge topology [J]. Nature, 2016, 531: 489~492.

[266] Haugen H, Huertas-Hernando D, Brataas A. Spin transport in proximityinduced ferromagnetic graphene [J]. Physical Review B, 2008, 77: 115406.

[267] Sanders N, Bayerl D, Shi G, et al. Electronic and optical properties of two-dimensional GaN from first-principles [J]. Nano Letters, 2017, 17: 7345~7349.

[268] Mansurov V, Malin T, Galitsyn Y, et al. Graphene-like AlN layer formation on (111) Si surface by ammonia molecular beam epitaxy [J]. Journal of Crystal Growth, 2015, 428:

93~97.

[269] Liu H, Neal A T, Zhu Z, et al. Phosphorene: An unexplored 2D semiconductor with a high hole mobility [J]. ACS Nano, 2014, 8: 4033.

[270] Wang Q H, Kalantar-Zadeh K, Kis A, et al. Electronics and optoelectronics of twodimensional transition metal dichalcogenides [J]. Nature Nanotechnology, 2012, 7: 699.

[271] Castro N A H, Guinea F, Peres N M R, et al. The electronic properties of graphene [J]. Reviews of Modern Physics, 2009, 81: 109.

[272] Bonaccorso F, Sun Z, Hasan T, et al. Graphene photonics and optoelectronics [J]. Nature Photonics, 2010, 4: 611.

[273] Xiao J, Long M, Zhang X, et al. First-principles prediction of the charge mobility in black phosphorus semiconductor nanoribbons [J]. Journal of Physical Chemistry Letters, 2015, 6: 4141.

[274] Cai Y, Ke Q, Zhang G, et al. Highly itinerant atomic vacancies in phosphorene [J]. Journal of the American Chemical Society, 2016, 138: 10199.

[275] Cai Y, Ke Q, Zhang G, et al. Giant phononic anisotropy and unusual anharmonicity of phosphorene: interlayer coupling and strain engineering [J]. Advanced Functional Materials, 2015, 25: 2230.

[276] Dutreix C, Stepanov E A, Katsnelson M I. Laserinduced topological transitions in phosphorene with inversion symmetry [J]. Physical Review B, 2016, 93: 241404.

[277] Le P T T, Davoudiniyae M, Yarmohammadi M. Perturbation-induced magnetic phase transition in bilayer phosphorene [J]. Journal of Applied Physics, 2019, 125: 213903.

[278] Le P T T, Yarmohammadi M. Perpendicular electric field effects on the propagation of electromagnetic waves through the monolayer phosphorene [J]. Journal of Magnetism and Magnetic Materials, 2019, 491: 165629.

[279] Radisavljevic B, Radenovic A, Brivio J, et al. Single-layer MoS_2 transistors [J]. Nature Nanotechnology, 2011, 6: 147.

[280] Wang G X, Pandey R, Karna S P. Carbon phosphide monolayers with superior carrier mobility [J]. Nanoscale, 2016, 8: 8819.

[281] Guan J, Liu D, Zhu Z, et al. Two-Dimensional phosphorus carbide: Competition between sp^2 and sp^3 bonding [J]. Nano Letters, 2016, 16: 3247.

[282] Singh D, Kansara S, Gupta S K, et al. Single layer of carbon phosphide as an efficient material for optoelectronic devices [J]. Journal of Materials Science, 2018, 53: 8314.

[283] Rajbanshi B, Sarkar P. Is the metallic phosphorus carbide (0-PC) monolayer stable? an answer from a theoretical perspective [J]. Journal of Physical Chemistry Letters, 2017, 8: 747.

[284] Cao L, Ang Y S, Wu Q, et al. Electronic properties and spintronic applications of carbon phosphide nanoribbons [J]. Physical Review B, 2020, 101: 035422.

[285] Cao L, Li X, Li Y, et al. Electrical properties and spintronic application of carbon phosphide

nanoribbons with edge functionalization [J]. Journal of Materials Chemistry C, 2020, 8: 9313~9321.

[286] Wang G X, Pandey R, Karna S P. Carbon phosphide monolayers with superior carrier mobility [J]. Nanoscale, 2016, 8: 8819.

[287] Guan J, Liu D, Zhu Z, et al. Two-dimensional phosphorus carbide: Competition between sp^2 and sp^3 bonding [J]. Nano Lett., 2016, 16: 3247.

[288] Cao L, Ang Y S, Wu Q, et al. Electronic properties and spintronic applications of carbon phosphide nanorib-bons, Phys [J]. Rev. B, 2020, 101: 035422.

[289] Cao L, Li X, Li Y, et al. Electrical properties and spintronic application of carbon phosphide nanoribbons with edge functionalization [J]. J. Mater. Chem. C, 2020, 8: 9313~9321.

[290] Zhang J, Yang G, Tian J, et al. Modulating electronic and optical properties of black phosphorous carbide monolayers by molecular doping [J]. Appl. Surf. Sci., 2018, 448: 270.

[291] Sanders N, Bayerl D, Shi G, et al. Electronic and optical properties of two-dimensional GaN from first-principles [J]. Nano Letters, 2017, 17: 7345~7349.

[292] Mansurov V, Malin T, Galitsyn Y, et al. Graphene-like AlN layer formation on (111) Si surface by ammonia molecular beam epitaxy [J]. Journal of Crystal Growth, 2015, 428: 93~97.

[293] Xu L, Li Q, Li X, et al. Rationally designed 2d/2d SiC/gC$_3$N$_4$ photocatalysts for hydrogen production [J]. Catalysis Science. Technology, 2019, 9: 3896~3906.

[294] Luo K, Xu L, Wang L, et al. Ferromagnetism in zigzag GaN nanoribbons with tunable half-metallic gap [J]. Computational Materials Science, 2016, 117: 300~305.

[295] Zhu Y, Li H, Chen T, et al. Investigation of the electronic and magnetic properties of low-dimensional FeCl$_2$ derivatives by first-principles calculations [J]. Vacuum, 2020, 182: 109694.

[296] Kolobov A, Fons P, Tominaga J, et al. Instability and spontaneous reconstruction of few-monolayer thick GaN graphitic structures [J]. Nano Letters, 2016, 16: 4849~4856.

[297] Nakamura S. Nobel Lecture: Background story of the invention of efficient blue InGaN light emitting diodes [J]. Reviews of Modern Physics, 2015, 87: 1139.

[298] Xiao W, Wang L, Xu L, et al. Ferromagnetic and metallic properties of the semihydrogenated GaN sheet [J]. Physica Status Solidi B, 2011, 248: 1442~1445.

[299] Chen T, Ding W, Li H, et al. Length-independent multifunctional device based on penta-tetra-pentagonal molecule: A first-principles study [J]. Journal of Materials Chemistry C, 2021, 9: 3652~3660.

[300] Chen X, Liu J, Xie Z, et al. A local resonance mechanism for thermal rectification in pristine/branched graphene nanoribbon junctions [J]. Applied Physics Letters, 2018, 113: 121906.

[301] Dong Y, Zeng B, Xiao J, et al. Effect of sulphur vacancy and interlayer interaction on the electronic structure and spin splitting of bilayer MoS$_2$. Journal of Physics: Condensed Matter,

2018, 30: 125302.

[302] Zeng B, Li M, Zhang X, et al. First-principles prediction of the electronic structure and carrier mobility in hexagonal boron phosphide sheet and nanoribbons [J]. Journal of Physical Chemistry C, 2016, 120: 25037~25042.

[303] Zhang H, Meng F, Wu Y. Two single-layer porous gallium nitride nanosheets: A first-principles study [J]. Solid State Communcations, 2017, 250: 18~22.

[304] Yong Y, Su X, Cui H, et al. Two-dimensional tetragonal GaN as potential molecule sensors for NO and NO_2 detection: a first-principle study [J]. ACS Omega, 2017, 2: 8888~8895.

[305] Xu L, Zeng J, Li Q, et al. Defect-engineered 2D/2D hBN/g-C_3N_4 Z-scheme heterojunctions with full visible-light absorption: efficient metal-free photocatalysts for hydrogen evolution [J]. Applied Surface Scienc, 2021, 547: 149207.

[306] Zhang J, Sun C, Xu K. Modulation of the electronic and magnetic properties of a GaN nanoribbon from dangling bonds [J]. Science China-Physics Mechanics. Astronomy, 2012, 55: 631~638.

[307] Kandalam A K, Pandey R, Blanco M, et al. First principles study of polyatomic clusters of AlN, GaN, and InN. 1. Structure, stability, vibrations, and ionization [J]. Journal of Physical Chemistry B, 2020, 104: 4361~4367.

[308] Onen A, Kecik D, Durgun E, et al. Onset of vertical bonds in new GaN multilayers: beyond van der Waals solids [J]. Nanoscale, 2018, 10: 21842~21850.

[309] Guo C, Chen T, Xu L, et al. Modulation of electronic structure properties of C/B/Al-doped armchair GaN nanoribbons [J]. Molecular Physics, 2020, 118: 1656833.

[310] Chen T, Zhu Y, Yan S, et al. Spin multiple functional devices in zigzag-edged graphyne nanoribbons based molecular nanojunctions [J]. Journal of Magnetism and Magnetic Materials, 2020, 498: 166223.

[311] Banerjee N, Krupanidhi S B. Synthesis, structural characterization and formation mechanism of giant-dielectric $CaCu_3Ti_4O_{12}$ nanotubes [J]. Natural Science, 2010, 2: 688.

[312] Xu D, He H, Pandey R, et al. Stacking and electric field effects in atomically thin layers of GaN [J]. Journal of Physics: Condensed Matter, 2013, 25: 345302.

[313] Z Y Al Balushi, Wang K, Ghosh R K, et al. Two-dimensional gallium nitride realized via graphene encapsulation [J]. Nature Matrials, 2016, 15: 1166~1171.

[314] Zhang S, Zhang X, Li M, et al. Study on the electronic structures and transport properties of the polyporphyrin nanoribbons with different edge configurations [J]. Physics Letters A, 2018, 382: 2769~2775.

[315] Yi X, Long M, Liu A, et al. First principles study on the electronic structures and transport properties of armchair/zigzag edge hybridized graphene nanoribbons [J]. Journal of Applied Physics, 2018, 123: 204303.

[316] Li Y, Yang Z, Chen Z, et al. Nanotechnology, Computational investigation on structural and physical properties of AlN nanosheets and nanoribbons [J]. Journal of Nanoscience and

Nanotechnolgy, 2010, 10: 7200~7203.

[317] Guo W, Hu Y, Zhang Y, et al. Transport properties of boron nanotubes investigated by ab initio calculation [J]. Chinese Physics B, 2009, 18: 2502.

[318] Xu L, Huang W, Hu W, et al. Two-dimensional MoS_2-graphene-based multilayer van der Waals heterostructures: enhanced charge transfer and optical absorption, and electric-field tunable Dirac point and band gap [J]. Chemistry of Materials, 2017, 29: 5504~5512.

[319] Zhou Y, Zheng X, Cheng Z, et al. Current superposition law realized in molecular devices connected in parallel [J]. Journal of Physical Chemistry C, 2019, 123: 10462~10468.

[320] Wu Y, Xia W, Gao W, et al. Quasiparticle electronic structure of honeycomb C_3N: from monolayer to bulk [J]. 2D Materials, 2019, 6: 015018.

[321] Klimes J, Bowler D R, Michaelides A. Chemical accuracy for the van der Waals density functional [J]. Journal of Physics: Condensed Matter, 2009, 22: 022201.

[322] Furchi M, Urich A, Pospischil A, et al. Microcavity-integrated graphene photodetector [J]. Nano Letters, 2012, 12: 2773.

[323] Sahin H. Structural and phononic characteristics of nitrogenated holey graphene [J]. Physical Review B, 2015, 92: 085421.

[324] Tang Q, Zhou Z, Chen Z. Graphene-related nanomaterials: tuning properties by functionalization [J]. Nanoscale, 2013, 5: 4541.

[325] Liang Y, Khazaei M, Ranjbar A, et al. Theoretical prediction of two-dimensional functionalized mxene nitrides as topological insulators [J]. Physical Review B, 2017, 96: 195414.

[326] Wu Y, Lin Y, Bol A A, et al. High-frequency scaled graphene transistors on diamond-like carbon [J]. Nature, 2011, 472: 74.

[327] Rodin A, Carvalho A, Neto A C. Strain-induced gap modification in black phosphorus [J]. Physical Review Letters, 2014, 112: 176801.

[328] Pacile D, Meyer J, ÇÖ Girit, et al. The two-dimensional phase of boron nitride: few-atomic-layer sheets and suspended membranes [J]. Applied Physics Letters, 2008, 92: 133107.

[329] Vogt P, P De Padova, Quaresima C, et al. Silicene: compelling experimental evidence for graphenelike two-dimensional silicon. Physical [J]. Review Letters, 2012, 108: 155501.

[330] Nourbakhsh A, Zubair A, Sajjad R N, et al. MoS_2 field-effect transistor with sub-10 nm channel length [J]. Nano Letters, 2016, 16: 7798.

[331] Wang Y, Li L, Yao W, et al. Monolayer a new semiconducting transition-metal-dichalcogenide, epitaxially grown by direct selenization of Pt [J]. Nano Letters, 2015, 15: 4013.

[332] Manchanda P, Enders A, Sellmyer D J, et al. Hydrogen-induced ferromagnetism in two-dimensional dichalcogenides [J]. Physical Review B, 2016, 94: 104426.

[333] Zhao Y, Qiao J, Yu P, et al. Extraordinarily strong interlayer interaction in 2d layered [J]. Advanced Materials, 2016, 28: 2399.

[334] Yim C, Lee K, McEvoy N, et al. High-performance hybrid electronic devices from layered films grown at low temperature [J]. ACS Nano, 2016, 10: 9550.

［335］ Zhao Y, Qiao J, Yu Z, et al. High-electron-mobility and air stable 2d layered ［J］. Advanced Materials, 2017, 29: 1604230.

［336］ Kar M, Sarkar R, Pal S, et al. Engineering the magnetic properties of monolayer through transition metal doping ［J］. Journal of Physics: Condensed Matter, 2019, 31: 145502.

［337］ Zhang W, Huang Z, Zhang W, et al. Two-dimensional semiconductors with possible high room temperature mobility ［J］. Nano Research, 2014, 7: 1731.

［338］ Li P, Li L, Zeng X C. Tuning the electronic properties of monolayer and bilayer via strain engineering ［J］. Journal of Materials Chemistry C, 2016, 4: 3106.

［339］ Bafekry A, Faraji M, Fadlallah M M, et al. Tunable electronic and magnetic properties of $MoSi_2N_4$ monolayer via vacancy defects, atomic adsorption and atomic doping ［J］. Applied Surface Science, 2021, 559: 149862.

［340］ Bafekry A, Stampfl C, Naseri M, et al. Effect of electric field and vertical strain on the electro-optical properties of the $MoSi_2N_4$ bilayer: a first-principles calculation ［J］. Journal of Applied Physics, 2021, 129: 155103.

［341］ Bafekry A, Faraji M, Fadlallah M M, et al. Tunable electronic and magnetic properties of $MoSi_2N_4$ monolayer via vacancy defects, atomic adsorption and atomic doping ［J］. Applied Surface Science, 2021, 559: 149862.

［342］ Zhao W, Fei Z, Song T, et al. Magnetic proximity and nonreciprocal current switching in a monolayer WTe_2 helical edge ［J］. Nature Matrials, 2020, 19: 503.

［343］ Hong J, Hu Z, Probert M, et al. Exploring atomic defects in molybdenum disulphide monolayers ［J］. Nature Communications, 2015, 6: 1.

［344］ Zhou W, Zou X, Najmaei S, et al. Intrinsic structural defects in monolayer molybdenum disulfide ［J］. Nano Letters, 2013, 13: 2615.

［345］ Li H, Tsai C, Koh A L, et al. Activating and optimizing basal planes for hydrogen evolution through the formation of strained sulphur vacancies ［J］. Nature Matrials, 2016, 15: 48.

［346］ Guo S. Biaxial strain tuned thermoelectric properties in monolayer ［J］. Journal of Materials Chemistry C, 2016, 4: 9366.

［347］ Sajjad M, Montes E, Singh N, et al. Superior gas sensing properties of monolayer ［J］. Advanced Materials Interfaces, 2017, 4: 1600911.

［348］ Yan H, Bergren A J, McCreery R L. All-carbon molecular tunnel junctions ［J］. Journal of the American Chemical Society, 2011, 133: 19168~19177.

［349］ Strong V, Cubin S, El-Kady M F, et al. SiC/MoS_2 layered Tuning of Laser scribedgraphene for flexible all-carbonheterostructures: promising photocatalysts revealed by a devices ［J］. ACS Nano, 2012, 6: 1395~1403.

［350］ Liu Y S, Shao X Y, Shao T, et al. Gate-enhanced thermoelectric effects in all-carbon quantum devices ［J］. Carbon, 2016, 109: 411~417.

［351］ Novoselov K S, Geim A K, Morozov S V, et al. Electric field effect in atomically thin carbon films ［J］. Science, 2004, 306: 666~669 .

[352] Geim A K, Novoselov K S. The rise of graphene [J]. Natrue Materials, 2007, 6: 183～191.

[353] Tombros N, Jozsa C, Popinciuc M, et al. Electronic spin transport and spin precession in single graphene layers at room temperature [J]. Nature, 2007, 448: 571～574.

[354] Han W, Wang W H, Pi K, et al. Electron-hole asymmetry of spin injection and transport in single-layer graphene [J]. Physical Review Letters, 2009, 102: 137205.

[355] Kan E J, Li Z Y, Yang J L, et al. Half-metallicity in edge-modified zigzag graphene nanoribbons [J]. Journal of the American Chemical, 2008, 130: 4224～4225.

[356] Yamanaka A, Okada S. Energetics and electronic structure of graphene nanoribbons under a lateral electricfield [J]. Carbon, 2016, 96: 351～361.

[357] Wakabayashi K, Fujita M, Ajiki H, et al. Electronic and magnetic properties of nanographite ribbons [J]. Physical Review B: Condensed Matter Physics, 1999, 59: 8271～8282.

[358] Jia C, Migliore A, Xin N, et al. Covalently bonded single-molecule junctions with stable and reversible photoswitched conduc-tivity [J]. Science, 2016, 352: 1443～1445.

[359] Wen S, Gao F, Yam C, et al. Nanomechanical control of spin current flip using monovacancy graphene [J]. Carbon, 2018, 133: 218～223.

[360] Wakabayashi K, Takane Y, Yamamoto M, et al. Edge effect on electronic transport properties of graphene nanoribbons and presence of perfectly conducting channel [J]. Carbon, 2009, 47: 124～137.

[361] Chen T, Wang L L, Li X F, et al. Spin-dependent transport properties of a chromium porphyrin-based molecular embedded between two graphene nanoribbon electrodes [J]. RSC Advances, 2014, 4: 60376～60381.

[362] Li X B, Cao L M, Li H L, et al. Spin-resolved transport properties of a pyridine-linked single molecule embedded between zigzag-edged graphene nano-ribbon electrodes [J]. Journal of Physical Chemistry C, 2016, 120: 3010～3018.

[363] Chen T, Guo C, Xu L, et al. Modulating the properties of multi-functional molecular devices consisting of zigzag gallium nitride nanoribbons by different magnetic orderings: a first-principles study [J]. Physical Chemistry Chemical Physics, 2018, 20: 5726～5733.

[364] Li Q, Xu L, Luo K, et al. SiC/MoS_2 layered heterostructures: promising photocatalysts revealed by a first-principles study. Materials Chemistry and Physics, 2018, 216: 64～71.

[365] Li Q, Xu L, Luo K W, et al. Electric-field-induced widely tunable direct and indirect band gaps in hBN/MoS_2 van der Waals heterostruc-tures [J]. Journal of Materials Chemistry C, 2017, 5: 4426～4434.

[366] Jana S, Bandyopadhyay A, Jana D. Acetylenic linkage dependent electronic and optical behavior of morphologi-cally distinct-ynes [J]. Physical Chemistry Chemical Physics, 2019, 21: 13795.

[367] Li M J, Zhang D, Gao Y L, et al. Half-metallicity and spin-polarization transport properties intransition-metal atoms single-edge-terminated zigzag a-graphyne nanoribbons [J]. Organic

Electronics, 2017, 44: 168~175.

[368] Berdiyorov G R, Dixit G, Madjet M E. Band gap engineering in penta-graphene by substitutional doping: first-principles calculations [J]. Journal of Physics: Condended Matter, 2016, 28: 475001.

[369] Wang Z, Zhou X F, Zhang X, et al. Phagraphene: a low-energy graphene allotrope composed of 5-6-7 carbon rings with distorted Dirac cones [J]. Nano Letters, 2015, 15: 6182~6186.

[370] Yuan P F, Hu R, Fan Z Q, et al. Phagraphene nanoribbons: half-metallicity and magnetic phase transition by functional groups and electric field [J]. Journal of Physics: Condended Matter, 2018, 30: 445802.

[371] Zhao Z, Liu R, Mayer D, et al. Shaping the atomic-scale geometries of electrodes to control optical and electrical performance of molecular devices [J]. Small, 2018, 14: 1703815.

[372] Xu L, Wang R, Miao M, et al. Two dimensional dirac carbon allotropes from graphene [J]. Nanoscale, 2014, 6: 1113~1118.

[373] Liu M, Liu M, She L, et al. Graphene-like nanoribbons periodically embedded with four-and eight-membered rings [J]. Nature Communications, 2017, 8: 14924.

[374] Rong J, Dong H C, Feng J, et al. Planar metallic carbon allotrope from graphene-like nanoribbons [J]. Carbon, 2018, 135: 21~28.

[375] Bhattacharya D, Jana D. First-principles calculation of the electronic and optical properties of a new two-dimensional carbon allotrope: tetra-penta-octagonal graphene [J]. Physical Chemistry Chemical Physics, 2019, 21: 24758~24767 .

[376] Schmaus S, Bagrets A, Nahas Y, et al. Giant magnetoresistance through a single molecule [J]. Nat. Nano-technol, 2011, 6: 185~189.

冶金工业出版社部分图书推荐

书　名	作　者	定价(元)
钯催化偶联反应机理的理论研究	任　颖	58.00
材料发射率测量技术与应用	张宇峰	66.00
有机光伏材料的模拟、计算与设计	郑绍辉	48.00
CO_2 高温固体吸附剂	陕绍云	63.00
垂直磁各向异性薄膜的制备、表征及应用	刘　帅	96.00
平面问题的时域边界元法	雷卫东	69.00
活性粒子的输运、扩散和集体行为	廖晶晶	59.00
高压下惰性元素氙化学活性的理论研究	颜小珍	54.00
铜及氧化亚铜薄膜的电沉积制备及其性能研究	孙　芳	43.00
席夫碱类复合吸波材料	刘崇波	79.00
新型二氮杂四星烷的光化学合成与结构解析	谭洪波	68.00
乌吉串联反应合成氮杂环化合物	雷　杰	72.00
超分子聚合物的构筑及结构转化	李　辉	79.00
功能材料制备及应用	崔节虎	88.00
高分散纳米催化剂制备及光催化应用	荆洁颖	39.00